LANZAROTE UND DER WEIN,
LANDSCHAFT UND KULTUR.

Rubén Acosta - Mario Ferrer

ediciones remotas

Produktion:
Ediciones Remotas

Druck:
Graficas Sabater

Übersetzung aus dem Spanischen: Christian Dorndorf

C/ Tirso de Molina nº 6, 1p
35500 Arrecife - Lanzarote
www.edicionesremotas.com

ISBN: 978-84-940435-1-2

Depósito legal: GC 755-2013

Erste Ausgabe, Juli 2014

Gedruckt in Spanien

Dieses Buch ist den Landarbeitern Lanzarotes gewidmet.
Den Frauen und Männern, die in der Lage waren, die uralten Bestrafungen der Vulkane und der Trockenheit zu überwinden um eine einmalige Kulturlandschaft zu kreieren, die wir schützen müssen.

DIE AUTOREN

Rubén Acosta

Hochschulabschluss in audiovisueller Kommunikation, Masters in Fotografie und Kulturmanagement. Freischaffender Fotograf und Kulturagent, engagiert in der Verbreitung von La Geria mit Projekten wie dem „Kulturellen Aktionsplan Wir sind La Geria". Als Künstler wurde er international ausgezeichnet und seine Werke in verschiedenen Veranstaltungen wie Photoespaña ausgestellt. Seine Verbindung zum Wein stammt aus familiärer Tradition. Er unterhält Weinberge in La Geria und produziert Hauswein.

Mario Ferrer

Hochschulabschluss und Promotion in Journalismus und Kunstgeschichte. Er hat über 15 Forschungen in Zeitschriften und wissenschaftlichen Kongressen veröffentlicht, zusätzlich verschiedene Lehrwerke. Er ist spezialisiert in Zeitgeschichte, Journalismus und Kultur. Herausgeber, Ausstellungsleiter und Experte für digitale Archive (koordiniert Memoriadelanzarote.com). Verfasser des Berichts über La Geria für den Europäischen Landschaftspreis 2013.

MITARBEITER

Santiago Alemán

Illustrator und Maler aus Lanzarote, Autor verschiedener Bücher, unter anderem „Tesoros de la isla (Schätze der Insel)". Lehrer für Zeichnen in der Kunstschule Pancho Lasso in Arrecife.

Juan José Otamendi

Besitzer der Bodegas El Grifo, gemeinsam mit seinem Bruder Fermín. Er verwaltet die Bibliothek und das Weinmuseum und hat verschiedene Veröffentlichungen über den Weinanbau der Insel publiziert.

Gustavo Palomo

Sommelier der Cámara de Comercio in Madrid, Master in Önologie, Finalist "Nariz de Oro (Goldnase) 2011", Finalist "Madrid Fusión 2012" und bester Sommelier der Kanaren 2010 und 2012.

Alberto González

Technischer Landwirtschaftsingenieur, Önologe und Master in Weinanbau und Önologie, zweitbester Önologe Spaniens und sechsbester der Welt im Jahr 2012. Gebürtig aus La Gomera.

Ignacio Romero

Diplom Umwelt-Biologe an der ULL und Master in Umweltwesen in der UGR. Er leitet einen Prozess der sozialen und umweltpolitischen Bewusstmachung genannt Senderismo Lanzarote.

Ignacio Valderas

Direktor und Önologe der Bodegas Los Bermejos, mit über 20 Jahren Erfahrung im Sektor des Weinanbaus auf Lanzarote.

Agustín Pallarés

Forscher und Verbreiter der Geschichte, der Frühgeschichte und der Ortsnamenkunde Lanzarotes. Man kann mehr über seine Arbeit und sein Werk unter agustinpallares.blogspot.com.es erfahren.

INHALT

1. LANZAROTE, EIN EINMALIGES GEBIET

Lanzarote ist eine Insel, die an mystische Zeiten erinnert; ein privilegierter Ort, um das Zusammenspiel der Hauptelemente der Natur zu erleben: Wasser, Erde, Luft und Feuer, vor allem Feuer… In diesem Szenario bietet Timanfaya ein Freiluft-Vulkanmuseum mit einer machtvollen Landschaft, die einen sprachlos macht, ein Ort, an dem sich die Steine in Skulpturen verwandeln und die Umgebung in Kunst.

Der Ursprung der Feuerberge liegt im Jahr 1730, ein Tag, an dem sich die Geschichte Lanzarotes für immer veränderte. Die Insel wurde mit einem der stärksten vulkanischen Ausbrüchen konfrontiert, die diese Zone des Planeten in den letzten Jahrhunderten erlebt hat. Der Priester des Dorfes Yaiza, Lorenzo Curbelo, hinterließ ein längst legendäres Zeugnis dieser Ereignisse: "Am 1. September 1730, zwischen neun und zehn Uhr nachts, öffnete sich die Erde in Timanfaya, zwei Meilen von Yaiza entfernt … und ein enormer Berg erhob sich aus dem Schoß der Erde."

Während der folgenden sechs Jahre, bis 1736, bestimmten die Vulkane den Tagesablauf der Insel, sie bedeckten fast ein Drittel der Oberfläche. Anfangs war der Schaden für die bescheidene Inselökonomie ungeheuerlich, aber aus der Zerstörung entsprang Dank der Charakteristiken der Vulkanasche oder Lapilli (in Lanzarote umgangssprachlich Picón, Rofe oder Arena (Sand) genannt) eine neue Auferstehung. Die Anbautechnik mit Hilfe der Vulkanasche wurde bereits vor den Eruptionen genutzt, aber erst ab diesem Moment wurde sie intensiviert und bestimmte umfassend den Weinanbau der Insel. Außer Timanfaya verfügt Lanzarote über eine große Vielzahl an weiteren einzigartigen Orten, angefangen mit dem größten Marinereservats Europas, gebildet von den fünf nördlich der Insel gelegenen kleinen Inseln. In dieser Zone Lanzarotes befinden sich außerdem der Risco von Famara und der Vulkan de la Corona, zwei spektakuläre Gebirge aus verschiedenen Epochen, die von malerischen Dörfern und wunderschönen Stränden umgeben sind. Weiter im Zentrum der Insel, wenn man im Gebiet historischer Städte wie der Villa de Teguise spaziert, kann man das Gebiet von El Jable bewundern, ein lokaler Name für eine in erster Linie sandige Zone, die einen weiten Korridor vom Norden bis in den Süden der Insel einnimmt.

Die weiteren Protagonisten der zentralen Region der Insel sind La Geria und Timanfaya, Orte die mit so eindrucksvollen Meilensteinen wie El Golfo, den Salinen von Janubio oder Los Hervideros abgerundet werden. Auf der Leeseite der zentralen Küste von Lanzarote befinden sich die wichtigsten Häfen, Städte und touristischen Zentren von Lanzarote. Von Costa Teguise bis Puerto Calero konzentriert sich

Biosphärenreservat seit 1993

Am 7. Oktober 1993 deklarierte die UNESCO Lanzarote zum Biosphärenreservat. Mit dieser international renommierten Auszeichnung wurden die Anstrengungen der Gesellschaft Lanzarotes gewürdigt, eine Harmonie zwischen Natur und wirtschaftlicher Entwicklung zu erlangen. Bei der Auswahl Lanzarotes zum Biosphärenreservat wurden insbesondere der besondere Fall La Geria, die Landschaftsinterventionen des Netzes der Kunst, Kultur und Tourismus-Zentren sowie die Pionierpläne zur urbanistischen Entwicklung der Insel berücksichtigt.

Der Titel Biosphärenreservat wurde 1976 von der UNESCO ins Leben gerufen, um besonders repräsentative Ökosysteme zu würdigen und zu schützen. Die Aufnahme Lanzarotes ins Netz der Biosphärenreservate war eine wichtige Neuerung, weil zum ersten Mal ein komplettes Territorium (inklusive der Stadtzentren, Infrastrukturen, Ausstattungen…) gewürdigt wurde, mit der Idee, dass sich Lanzarote in ein Labor der Nachhaltigkeit entwickeln würde. Wie in allen Laboratorien, die auf Ideen basieren, gab es in dieser Zeit Erfolge und Fehlschläge, die große soziale und politische Debatten ausgelöst haben, aber sie haben auch eine größere Sensibilisierung erlaubt.

der Großteil der Bevölkerung der Insel, im Rest der Insel-Geografie findet man kleine Fischer- und Landwirtschaftsdörfer.

Im Süden von Lanzarote ragen weitere einzigartige Zonen heraus, alle mit einem festen Bezug zum Atlantik. Zum einen der Besuch der Insel Lobos oder dem nahen Fuerteventura, einer Insel voller unglaublicher Strände. Und zum anderen, im Süden Lanzarotes, die idyllischen Papagayo Strände, in direkter Nachbarschaft zum Naturmonument Los Ajaches, einer niedrigen Bergkette, die perfekte Bedingungen zum Wandern bietet. 42.1 % der Oberfläche Lanzarotes stehen unter irgendeiner Art von legalem Schutz, sei es territorial oder Umweltschutz.

Eine internationale Wirtschaft

Seit der spanischen Eroberung zu Beginn des 15. Jahrhunderts (Lanzarote war die erste Insel die 1402 erobert wurde), ist die kanarische Wirtschaft von internationalen Faktoren abhängig, insbesondere von den Beziehungen zu Europa, Hauptmarkt für den Export von Landwirtschaftsprodukten, ohne jedoch Amerika oder Afrika zu vergessen. Wenn es im 18. Jahrhundert der Wein war, der hauptsächlich die kanarische Wirtschaft beeinflusste, wechselten sich in den folgenden Jahrhunderten gute Zeiten und schwere Krisen ab, stets abhängig vom Export eines Produktes. Lanzarote und Fuerteventura, aufgrund ihres massiven Kornanbaus traditionell als „die Kornkammer der Kanaren“ bekannt, besaßen eine überaus fragile Wirtschaft, ebenso bedrohlich wie uralt eingesessen. Es waren Inseln, die sich in einem negativen Kreislauf befanden, bestimmt von der abgelegenen Lage im Ozean, der Dürre des Bodens und der fehlenden Infrastruktur. Nur in ganz bestimmten Gelegenheiten (mit Produkten wie Orseille oder Cochenille) gelang es der Bevölkerung der Emigration zu entkommen. Der spärliche Reichtum, den die Insel

KARTE DER NATURSCHUTZGEBIETE

0 Parque nacional de Timanfaya
1 Reserva Marina de Los Islotes
2 Parque Natural del Archipiélago Chinijo
3 Parque Natural de Los Volcanes
4 Monumento Natural del Malpais de la Corona
5 Monumento natural de Los Ajaches
6 Paisaje Protegido de La Geria
7 Monumento Natural del Islote de Los Halcones
8 Monumento Natural de Montañas del Fuego
9 Paisaje Protegido de Tenegüime
10 Monumento Nat. de La Cueva de Los Naturalistas
11 Sitio de Interés Científico de Jameos del Agua
12 Sitio de Interés Científico de Las Salinas del Janubio

DATEN AUS LANZAROTE (2013)

Einwohnerzahl:	139.667
Ausländische Einwohner:	38.864
Touristenzustrom:	2.170.128
Passagiere Flughafen:	5.334.598
Oberfläche (km2):	845,9
Geschützte Oberfläche (km2):	42,1 %

Foto vom Jameos del Agua, Werk César Manriques. Detail des Sees in dem die blinden Krebse leben, eine endemische Art der Insel.

produzierte, basierte auf Landbesitz, stets in den Händen einer kleinen Klasse von Grundbesitzern.

In der zweiten Hälfte des 20. Jahrhunderts modernisierte sich die Fischerei auf Lanzarote und es begann eine Periode stetigen Wachstums. Arrecife verwandelte sich in einen der wichtigsten Häfen für Sardinen der Welt. Zur selben Zeit wurde die erste zivile Trinkwasseraufbereitungsanlage Europas errichtet, eine technische Pionierleistung der die stets drohende Wasserknappheit, die bislang das Dasein der Sozialwirtschaft der Insel bestimmte, vergessen machte. Zur selben Zeit begann die Inselregierung Lanzarotes, mit Hilfe des Künstlers César Manrique und einem großartigen Team an Mitarbeitern, in natürlichen Gebieten von großem Wert das innovative Netz der Kunst, Kultur und Tourismuszentren (CACT) zu errichten. Dieses Netz diente dazu, ein eigenständiges Tourismusmodel zu initiieren, welches auf dem Respekt gegenüber dem Territorium basierte.
Die CACT sind das Aushängeschild Lanzarotes, einem Tourismusziel von weltweiter Bedeutung, welches jährlich fast zwei Millionen Touristen empfängt.

Eine gemischte, jedoch eigenständige Kultur

In einer geostrategisch wichtigen Position gelegen, ist die kanarische Inselgruppe ein Schnittpunkt für kulturelle Einflüsse aus Europa, Amerika und Afrika. Zusätzlich zu den steten klimatologischen Einflüssen, die man Tag für Tag spüren kann, stammen auch die ersten Siedler Lanzarotes vom nahen afrikanischen Kontinent, Majos genannt. Über viele Jahrhunderte wurde die Insel auch von unzähligen Piraten angegriffen. In der Vergangenheit gab es auch wichtige sozialwirtschaftliche Beziehungen zu Afrika, insbesondere in der Fischerei. Derzeit gilt Afrika als ideale Zone für die Internationalisierung von kanarischen Firmen.

Kolumbus hat die Kanaren auf seinem Weg nach Amerika passiert und damit eine Route eingeweiht, die bedeutenden Einfluss auf die Entwicklung der Inseln hatte. Über Jahrhunderte waren Kuba, Venezuela oder Uruguay die wichtigsten Zonen der Emigration der Inselbewohner. Auch heute noch findet man deshalb starke familiäre, wirtschaftliche oder soziale Bindungen mit Amerika. Die wichtigsten Bindeglieder sind jedoch kultureller Art, bestimmte Elemente der Sprache und der Musik sind sehr von amerikanischen Traditionen geprägt.

Aus Europa kamen nicht nur die Eroberer des 15. Jahrhunderts, sondern auch die wichtigsten wirtschaftlichen und politischen Einflüsse, die die Inseln in ihrer modernen Geschichte vorweisen können. Alle Neuerungen, die von Europa aus in die Welt exportiert wurden, wurden auch auf den kanarischen Inseln eingeführt, als weit entfernt gelegene, aber stets nahe Nachbarn. Zusätzlich zu den Beziehungen zu Spanien hat die Inselgruppe historische Zyklen mit guten Beziehungen zu anderen Ländern wie Frankreich, Portugal und insbesondere Großbritannien erlebt. Derzeit stammen fast 15 % der Einwohner auf Lanzarote (19.995 Personen) aus anderen Ländern der EU.

Die Gesellschaft und Kultur der Kanaren sind Resultat all dieser Einflüsse, die jedoch letztendlich eine eigenständige Mischung bilden, stets gefärbt vom zweifellos eigenwilligen Charakter der Menschen und der Region. Deshalb ist eine der größten Herausforderungen der Gesellschaft Lanzarotes heutzutage, eine umfassende nachhaltige Entwicklung zu erreichen. Nachhaltigkeit war stets präsent in der Beziehung der Landarbeiter der Insel mit ihrer Umgebung, wie César Manrique bestens zu Sehen verstand. Die letzten Jahrzehnte haben eine deutliche wirtschaftliche Weiterentwicklung erlaubt, diese wurde jedoch so schnell durchgeführt, dass sie kulturelle und soziale Folgeerscheinungen hervorgerufen hat, die nicht positiv sind. Beschäftigung, Umweltschutz, Energie, wirtschaftliche Vielfalt oder multikulturelles Zusammenleben sind einige der unumgänglichen Herausforderungen der Zukunft der Insel Lanzarote.

Das größte Marinenreservat Europas

Das Marinenreservat der kleinen Inseln liegt im Norden Lanzarotes, es beinhaltet einen Teil der Insel sowie fünf naheliegende kleinere Inseln: La Graciosa, Alegranza, Montaña Clara, Roque del Este und Roque del Oeste. Es handelt sich um das größte Marinenreservat Europas und für viele Experten ist es ein Ort, der alle Bedingungen erfüllt, um zum Nationalpark erklärt zu werden. La Graciosa ist die einzige bewohnte Insel und man kann sie von Órzola aus besuchen. Es gibt nur ein Dorf auf ihr und es ist ein idealer Ort um die Natur zu genießen, Sport in der freien Natur auszuüben und eine Ruhe zu erleben, die man an anderen Orten oft vergeblich sucht. Dieses Marinenreservat sticht aufgrund seiner natürlichen und landschaftlichen Schönheit heraus. Der Risco von Famara, eine beeindruckende Steilküste von mehreren Kilometern Länge, ist der Ort in der EU mit den meisten endemischen Arten pro Quadratkilometer. Der Reichtum und die Besonderheit der Vögel, die die Insel bevölkern, hat ebenfalls die Aufmerksamkeit internationaler Wissenschaftler auf sich gezogen. Die gesamte Zone wird zusätzlich von Experten der Meeresfauna hoch geschätzt, speziell von Experten für Meeressäuger.

2. WEIN AUF LANZAROTE

Wein unter extremen Umständen

Es gibt viele Faktoren die dafür verantwortlich sind, dass die Produktion von Wein auf Lanzarote außergewöhnlich ist.

Die Kanaren sind die südlichste Weinanbauzone, abgesehen von Südafrika, und hier findet die erste Weinernte des Jahres in Europa statt. Die klimatologischen Bedingungen und der spärliche Regen, mit einem Durchschnitt von 100 Liter pro Quadratmeter, sind weniger günstig als in anderen Anbauzonen.

Unter diesem komplexen Panorama sind auch die Techniken des Weinanbaus auf Lanzarote einzigartig und außergewöhnlich. Die Weinrebe, gepflanzt in der fruchtbaren Erde unter der Vulkanasche, wird mittels halbkreisförmiger Mauern aus Vulkangestein vor den Passatwinden geschützt. Gleichzeitig sorgen diese Winde jedoch für eine natürliche Ventilation, die die Pflanze vor Pilzen und Plagen schützt.

Diese so außergewöhnliche Art des Anbaus, die die Landarbeiter in dem Bestreben entwickelten, die landwirtschaftlichen Möglichkeiten der Insel aufs Beste auszunutzen, beansprucht eine kontinuierliche und überaus delikate Pflege und Instandhaltung. Sie ist so delikat, dass viele die Landarbeiter der Insel als Gärtner und Beschützer der Landschaft ansehen.

Die geringe Produktion, zwischen 1.000 kg und 1.500 kg pro Hektar, ist von der geringen Pflanzdichte bedingt. Der Anbau ist fast komplett Handarbeit und wird stets von der großen Angst der Landarbeiter Lanzarotes bedroht, den Hitzewellen.

Tatsächlich sind die landwirtschaftlichen Arbeiten in der traditionellen Zone von La Geria nach wie vor reine Handarbeit, genauso wie in den letzten knapp drei Jahrhunderten. Der ursprüngliche Landarbeiter der Insel musste die Systeme von „hoyos" und „zocos" nur mit Hilfe seiner Hände und der Unterstützung eines Dromedars, seinem wichtigsten Landwirtschaftswerkzeug, errichten.

Einzig mit diesen Mitteln verwandelte der Landarbeiter seit dem 18. Jahrhundert tausende Hektar Land. La Geria, heutzutage geschützte Naturlandschaft, ist auf gewisse Weise eine sehr vermenschlichte Landschaft, in dem Sinne, dass sie sehr stark vom Eingriff der Menschen bestimmt ist.

Aber dieser Eingriff fand auf solch respektvolle Art gegenüber der Umwelt statt, dass es heute ein Beispiel für Erhaltung und Umwelt-Revitalisierung ist. Ohne sich den konzeptuellen Bedeutungen bewusst zu sein, hat der Landarbeiter Lanzarotes einen modellhaften Fall von nachhaltiger Entwicklung geschaffen.

Der Wein auf Lanzarote ist ein Wunder aus Anpassung an eine vulkanische Tragödie und extreme Bedingungen. Darauf beruhen seine Außergewöhnlichkeit, die Nuancen der Weine und die Ungewöhnlichkeit der Landschaft, die eine einmalige soziale Dimension birgt.

Der Weinanbau auf Lanzarote hat eine Reihe von eigenen Charakteristiken, die ihn von anderen Zonen unterscheiden.

Picón, der Feuchtigkeitsspeicher

Die Vulkaneruptionen, die sich zwischen 1730 und 1736 auf der Insel ereigneten, produzierten eine große Menge an Pyroklasten. Die ausgestoßene Vulkanasche bedeckte einige der fruchtbarsten Täler der Insel, insbesondere im Süden der Eruptionen, bedingt durch die dominanten Passatwinde aus Nordost. Diese Vulkanasche, oder Lapilli, ist auf den Kanaren als „picón" bekannt, oder auf der Insel Lanzarote als „rofe" oder „arena". Sie wird als Hauptelement genutzt um fruchtbare Erde zu bedecken. Diese Technik, intensiviert seit den Vulkanausbrüchen und gebräuchlich in der gesamten Landwirtschaft der Insel, liefert einige einmalige Charakteristiken, einige vom „mulching"-Effekt (oder Einpolsterung der fruchtbaren Erde) herbeigeführt, andere vom vulkanischen Material bedingt. Der „rofe" dient als Feuchtigkeitsspeicher, welche durch den Tau entsteht, beugt der Bodenerosion vor, liefert einen großen Reichtum an Mineralen, verhindert die Verdunstung der Feuchtigkeit und sorgt für ein hohes Niveau an Hygiene gegen Krankheiten. Zusätzlich absorbiert die schwarze Farbe des „rofe" mehr Sonnenstrahlung, was die Bodentemperatur im Vergleich zur Atmosphäre erhöht. Diese erhöhte Temperatur erleichtert die Entwicklung der Pflanzen und erhöht den Zuckergehalt in den Trauben, und dadurch bedingt, den Alkoholgehalt.

Den „rofe" als Isoliermaterial der fruchtbaren Erde zu nutzen schafft eine Reihe von zusätzlichen Arbeiten, die der Weinbauer regelmäßig durchführen muss, wie die Düngung oder die Anhebung des Sandes, wenn dieser Gefahr läuft die Pflanze zu bedecken. Die Arbeiten im Landgut produzieren Erdrutsche in den „hoyos", die Schritt für Schritt den Fall des „rofe" zur Mitte des „hoyo" hin provozieren, der deshalb regelmäßig wieder angehoben werden muss.

Direktträger

Weitere Gemeinsamkeiten in allen Weinanbaugebieten der Insel sind die verwendeten Pflanzen und die Variationen, die man finden kann. Wie überall auf den Kanaren sind die Reben „Direktträger", was bedeutet, dass sowohl die Wurzel als auch der Rest der Pflanze zur selben Sorte gehören, da die Kanaren im Gegensatz zum Rest von Europa nicht von der Reblausplage heimgesucht wurden. Lanzarote und der Rest des kanarischen Archipels wurden aufgrund der Insellage nicht von der Reblausplage befallen, die am Ende des

Teilschnitt einer Weinrebe, bei dem man die verschiedenen Komponenten des speziellen Weinanbaus auf Lanzarote sehen kann: Der "rofe" über der fruchtbaren Erde und der Direktträger ohne Pfropfung.

19. und zu Anfang des 20. Jahrhunderts die Weinreben in ganz Europa heimsuchte. Das bedeutet, dass die Rebstöcke wurzelecht sind: sie werden auf ihren eigenen Wurzeln angebaut ohne amerikanische Rebsortenwurzeln zu verwenden, die einzigen, die gegen die Reblaus resistent sind. Als Resultat sind die Reben auf Lanzarote langlebiger und purer, und weisen mehr önologische Vorteile auf.

Vulkan Malvasia

Die Malvasia Traube stammt aus Kleinasien und Griechenland und ist über 2000 Jahre alt. Im 16. Jahrhundert wurde sie auf den Kanaren eingeführt, zuerst auf Teneriffa und anschließend an anderen Orten wie La Palma, bis hin zu Varianten aus dem Mittelmeerraum. Sie erreichte Lanzarote nicht vor Beginn des 19. Jahrhunderts, bis zu diesem Moment war die Listán Blanca die vorherrschende Traubensorte auf der Insel. Die Entwicklung der Malvasia in den eigenständigen Bedingungen der Insel hat dazu geführt, dass der Weltverband für Wein die Vulkan Malvasia als eigenständige Variante anerkennt. Diese Vulkan Malvasia, oder auch Malvasía aus Lanzarote, ist gemeinsam mit der Malvasia aus La Palma (auch bekannt als aromatische oder authentische Malvasia) die vorherrschende Malvasia Variante auf den Kanaren.

Die Vulkan Malvasia ist eine kleine Traube mit geringem Ertrag aber aufgrund ihres Gleichgewichts, Geschmacks und Parfüms, den sie auf die aus ihr produzierten Weine überträgt, von großer Qualität.

Mit dieser Variante stellen die verschiedenen Bodegas Lanzarotes Weißweine mit einem Alkoholgehalt zwischen 10,5° und 14,5° her. Man kann jungen trockenen Malvasia, süßen Malvasia, natürlich süßen Malvasia, halbtrockenen Malvasia und trockenen, fermentierten Malvasia aus dem Fass finden.

Shakespeare und der Malvasia

„Ich schwör', du hast zu viel kanarischen Wein getrunken; das ist ein wunderbar eindringlicher Tropfen, er parfümiert das Blut, noch eh' man fragen kann, was das denn sei." Shakespeare erwähnt den Malvasia Wein, den er Canary oder Sack nennt, im Verlauf des Stücks „Heinrich IV".

Dieser Wein, hergestellt aus Malvasia Trauben und höchstwahrscheinlich in England bearbeitet, war im 17. Jahrhundert wegen seiner Heilwirkung bekannt und wurde von Ärzten und Chirurgen zur Behandlung einer Vielzahl von Krankheiten und Übel benutzt.

Der süße Malvasia Wein der Kanaren wurde auch in anderen literarischen Werken von Shakespeare wie „Die lustigen Weiber von Windsor" zitiert. Außerdem taucht er in Werken von Sir Walter Scott, Robert Louis Stevenson, Lord Byron, Edgar Rice Burroughs, Immanuel Kant und sogar Giacomo Casanova auf.

Die Blütezeit dieses Weins lag im 17. Jahrhundert, aufgrund politischer Umstände und der wachsenden Popularität portugiesischer Weine, insbesondere des Portweins, verblasste diese nach und nach. In dieser Epoche wurde der Wein auf den Kanaren in erster Linie auf Teneriffa oder La Palma produziert. Die Malvasia-Traube und der Malvasia-Wein kamen erst im 18. Jahrhundert nach Lanzarote, nach den Vulkanausbrüchen von 1730-1736.

Als Hommage an diesen Wein produziert die Bodega El Grifo (die älteste Bodega der Kanaren) derzeit unter dem Namen „Canari" einen süßen Wein, der mit derselben Technik hergestellt und mit Weinen der Ernten 1956, 1970 und 1997 gemischt wird.

Anhebung des „rofe“ um zu Vermeiden, dass die Rebe begraben wird.

Nachhaltige Handarbeit

Zu Beginn des 21. Jahrhunderts ist die globale Gesellschaft auf der Suche nach Formeln, die einen nachhaltigen Abbau von natürlichen Ressourcen gewährleisten. Wege, die die natürliche Umgebung nicht erschöpfen, sondern Dynamiken zum Erhalt schaffen und dabei auf lange Sicht den sozialökonomischen Vorteil für den Menschen mit dem Respekt für den Erhalt der Umwelt verbinden. Diese magische Formel hat einen klaren Vorfahren auf Lanzarote und ganz speziell im Weinbau. Die Zone in La Geria, seit den historischen Eruptionen von Timanfaya im Jahr 1730 das Weinanbaugebiet par excellence auf Lanzarote, ist ein Beispiel mit großem Wert für den Erfolg der Nachhaltigkeit.

Nach dem Drama, das es bedeutete mit Ansehen zu müssen, wie die Vulkane viele der Dörfer der besten Anbaugebiete einer Insel mit wenig landwirtschaftlichen Ressourcen verwüsteten, verstand es die Inselgemeinschaft in einer kollektiven Anstrengung ihre Intelligenz und Arbeitskraft einzusetzen, um auf geschickte Art und Weise die Vulkanasche als Element zu benutzen um die landwirtschaftliche und wirtschaftliche Produktivität der Inselbewohner zu verbessern. Der Wein Lanzarotes ist selbstverständlich ein Kind der Vulkane, denn die traditionelle Technik der Landarbeiter nutzt die Vulkanasche in aufwändiger Handarbeit um Wein anzubauen. Und diese Anbauform beinhaltet einen absoluten Respekt für das natürliche Gleichgewicht. Tatsächlich ist die Landschaft von La Geria, als natürliche Landschaft unter Schutz gestellt, eine Landschaft, die sehr stark vom Menschen bearbeitet wurde und deshalb, in gewisser Weise, eine überaus künstliche Landschaft. Über mehr als drei Jahrhunderte haben tausende Hände hunderte Hektar Land aus landwirtschaftlichen Zwecken verändert.

La Geria ist auch eine Landschaft des Leidens, entstanden auf der Basis von kontinuierlicher Anstrengung und Opfern von Generationen von verarmten Landarbeitern, die unter einem sehr rigiden sozialen System arbeiteten. Meter für Meter verwandelten einfache Landarbeiter und Besitzer kleiner bis mittelgroßer Parzellen ihre Physiognomie, um der Umgebung die größtmögliche Rendite abzutrotzen. Aber sie taten dies unter Wahrung einer Nachhaltigkeit, sogar bevor dieser Ausdruck überhaupt eingeführt wurde, weil der Landarbeiter der Insel wusste, dass die beste Art sein Überleben zu sichern die Anpassung an die Umwelt war, ohne diese zu sehr auszubeuten.

Behandlung mit Schwefel, wichtiges Fungizid um in der ökologischen und nachhaltigen Landarbeit die Verbreitung von Plagen vorzubeugen..

Ökologischer Weinanbau

Der ökologische Weinanbau strebt den Erhalt einer gesünderen Traube an sowie eine verbesserte Nutzung für die Artenvielfalt in der Umgebung und für die Gesundheit der Weinbauer. Dieses Anbaumodell nimmt in den letzten Jahren in allen Produktionsschritten in der Behandlung der Weinrebe stetig zu. Während 2009 lediglich vier Hektar und nur eine Bodega, Los Bermejos, als ökologisch geführt wurden, waren es 2013 bereits 45 Hektar mit dem Vorsatz, diese in den nächsten Jahren bis auf 100 Hektar zu erweiten. 2013 waren drei Bodegas als ökologisch geführt: Los Bermejos, Vega de Yuco und El Grifo die zusammen fast 60.000 Kilo ernten, ungefähr drei Prozent der Gesamtproduktion der Insel.

Seit Jahren existiert ein verbessertes Bewusstsein in Bezug auf Pflanzenschutz-Behandlung, insbesondere augrund von regelmäßigen, von Institutionen der Insel und dem Consejo Regulador organisierten, Kursen, sowie der Beratung durch die technischen Mitarbeiter der Bodegas. Bodegas El Grifo betreibt seine Weinberge als Integrierte Produktion, und ist damit eine der wenigen Bodegas auf den Kanaren mit diesem Zertifikat. Zusätzlich bietet sie Beratung für die Weinbauer an. Die Integrierte Produktion bedeutet Priorität auf ökologische und traditionelle Verarbeitung zu setzen und nur im gerechtfertigten Fall andere Behandlungen anzuwenden.

Wengleich die Praktiken in der Weinproduktion in fast allen Bodegas ökologisch sind kann man nur in den drei ausgezeichneten Bodegas Weine aus ökologischen Trauben finden. Bodegas El Grifo und Bodegas Vega de Yuco verfügen über je einen Wein während Bodegas Los Bermejos, seit 2002 Pionier in der Produktion von ökologischen Weinen, drei verschiedene Sorten produziert: Malvasía seco, Diego seco und Rosado aus der Traube Listán Negro."

Anbauzonen

Es gibt zwei Hauptanbaugebiete für Wein auf der Insel:

- Das erste und charakteristischste besteht aus den Gebieten La Geria, Masdache und Tinajo. Eine Zone die sich vom Monumento al Campesino in Mozaga bis nach Uga zieht, begrenzt im Westen vom Timanfaya Nationalpark und im Osten von der Straße zwischen San Bartolomé und Tinajo.

- Das zweite Anbaugebiet für Wein liegt im Norden der Insel, bekannt als Ye-Lajares.

La Geria: Weinanbaugebiet zwischen den Gemeinden Yaiza und Tías. In La Geria wird aufgrund der Dicke der „Lapilli" oder „rofe" Schicht (auch „picón" oder „arena" genannt), die in einigen Zonen bis zu drei Meter hoch sein kann, das System der „hoyos" genutzt. Aus diesem Grund ist die Dichte des Anbaus geringer als in anderen Gebieten der Insel. Es handelt sich nicht um das größte Anbaugebiet, aber um das charakteristischste in dem sich außerdem ein Großteil der dem Publikum offenen Bodegas befindet. In dieser Zone wurde nach den Vulkanausbrüchen von 1730-1736 die eigene Art des Weinanbaus erprobt, und von hier aus breitete sie sich über den Rest der Insel aus.

Masdache-Tinajo: Dies ist die umfangreichste Zone, mit zwei Unterzonen: eine in Tinajo, in der ein Anbausystem mit Gräben genutzt wird, und eine weitere in Masdache, mit weitläufigen Weinbergen. Die Tiefe der „hoyos" in dieser Zone ist geringer als die der „hoyos" in La Geria, aus diesem Grund ist die Dichte des Anbaus größer. In dieser Zone ragen zwei dem Besucher offenstehenden Bodegas heraus, El Grifo mit ihrem Weinmuseum und Bodegas Los Bermejos.

Ye-Lajares: Dieses Gebiet liegt zwischen den Gemeinden Haría und Teguise. Aufgrund des Bodentyps ist es von geringer Produktivität. Hier beginnt die erste Ernte des Jahres, im Monat Juli.

Die Gebiete von La Geria, Tinajo und Masdache sind vom 2013 gebilligten „Plan Especial del Paisaje Protegido de La Geria" geschützt und umfassen 5.200 Hektar, die sich von Mozaga bis Uga ziehen.

„Hoyos" von großer Tiefe im Gebiet La Geria. Einige dieser „hoyos" können bis zu drei Meter tief sein und einen Durchmesser von zehn Meter haben. Man kann sie in Anhäufungen von „rofe" an Berghängen finden..

In Reihen gepflanzte Weinreben im Gebiet von Masdache. Dieses System ist mit einer dünneren Schicht an „rofe" möglich und erlaubt eine höhere Pflanzungsdichte.

WEINANBAUZONEN AUF LANZAROTE

Bodegas

Es gibt 18 im „Consejo Regulador de Denominación de Origen Vinos de Lanzarote (Regulierungsrat für die Herkunftsbezeichnung Wein aus Lanzarote)“ registrierte Bodegas, die sich über die ganze Inselgeografie verteilen. Von diesen 18 Bodegas befinden sich 14 im Gebiet La Geria-Masdache-Tinajo. Der „Consejo Regulador de Denominación de Origen Vinos de Lanzarote“ wurde im Jahr 1993 gegründet und vereint, außer den 18 Bodegas, über 1700 Weinbauer mit über 2000 Hektar Weinbergen auf der Insel Lanzarote. Zu den Aufgaben des „Consejo Regulador“ gehören die Bewerbung der Weine sowie die Qualitätskontrolle, die mittels Etikett auf der Rückseite der Weinflaschen der Insel bestätigt wird.

Die Bodegas verarbeiten nicht nur ihre eigene Ernte, sondern kaufen auch die Ernten der kleineren Weinbauern, da die Grundstücke, auf denen der Wein angebaut wird, vielen verschiedenen kleineren Landbesitzern gehören. Diese Besonderheit sorgt dafür, dass die Bodegas eine ständige Beziehung zu den kleineren Weinbauern unterhalten und diese auch bei ihrer Arbeit beraten.

3. DIE GESCHICHTE DES WEINS AUF LANZAROTE

von Juan José Otamendi

Auch wenn Lanzarote die erste Insel des Archipels war, die von Europäern eingenommen wurde (1402), war sie doch die letzte, die begann Wein zu produzieren. Als einziger Trost bleibt die Tatsache, dass der erste dokumentierte Wein auf den Inseln derjenige war, den die Besatzer auf ihrer Eroberung mit sich führten. Laut "Le Canarien" waren es 36 Weinfässchen (höchstwahrscheinlich für den eigenen Konsum und um mit ihm zu handeln) die allerdings nur bis zum Ende des Jahres reichten.

Der wahrscheinlich erste Wein des Archipels wurde im ersten Jahrzehnt des 15. Jahrhunderts auf Fuerteventura hergestellt, aus Trauben des „Weinbergs von Aníbal", unehelicher Sohn des Gadifer. Im letzten Viertel dieses Jahrhunderts begannen die der Krone gehörenden Inseln (Gran Canaria, Teneriffa und La Palma) mit der Weinproduktion, zuerst für den Eigenkonsum und wenig später, mit der Entdeckung Amerikas, beteiligten sie sich an der Versorgung der Flotten, die bis dahin einem Monopol des andalusischen Weines unterlagen. Der Wachstum des Weinanbaus war anschließend nicht aufzuhalten und entwickelte sich zum wichtigsten Wirtschaftszweig, denn Dank eines qualitativ hochwertigen Weins, dem Canary, der ab der zweiten Hälfte des 16. Jahrhunderts produziert wurde, erreichte der kanarische Wein eine Glanzzeit in der er mit den besten Weinen aus Jerez konkurrierte und auf den besten Tischen Europas serviert wurde. Von beiden Weinen berichtete Shakespeare.

Lanzarote musste weiterhin auf seinen Wein warten, höchstwahrscheinlich wurde der Weinanbau ausprobiert, aber ebenso wie es den ersten Besatzern der Karibik geschah, sorgten die Umweltbedingungen dafür, dass der Wein nicht gedieh. Während des 17. Jahrhunderts stammte der Wein, der auf Lanzarote konsumiert wurde, von den großen Inseln und aus Madeira. Daraus folgend waren die Rechte zum Weinimport die Haupteinnahmequelle der alten Inselregierung, die ihr spärliches Guthaben in den Erhalt der Wasserspeicher investierte, in denen das Regenwasser für den Konsum von Mensch und Tier gelagert wurde.

Dann kamen die Vulkanausbrüche der Jahre 1730-1736. Im Rückblick wurde dieser Zeitpunkt sehr treffend in der Erinnerungsschrift 18/XII/1834 der Inselregierung Lanzarotes festgehalten: „Vor der genannten Epoche des Jahres 1730 gab es im Teil des Nordens und Ostens, der später hinter dem Vulkan genannt wurde, einige Obstbäume sowie Feigenbäume, Pfir-

Foto von Teodoro Maisch (1927), zur Verfügung gestellt vom Servicio de Patrimonio Histórico der Inselregierung Lanzarotes.

sichbäume, Mandelbäume, Olivenbäume, Pflaumenbäume, Palmen und Weinreben, die zwar gute Früchte produzierten, aber nie genug für die Eigenversorgung lieferten. Nach den Vulkanausbrüchen von 1730 bis 1737 wurde gepflanzt und kultiviert ... und vor dem Vulkan gab es viele Weinreben, mit „hoyos" aus „arena", die sich bis zur Oberfläche der Erde erstreckten.... aus der Asche der ausgebrochenen Vulkanen entstanden, und aus denselben Steinen wurden Häuser gebaut, Wassertanks, Mauern und Schutzwände... ohne Schaden zu nehmen durch verschiedene weitere Ausbrüche in den unbeständigen Vulkanen, die „chabocos" genannt wurden, es gab reichhaltige Ernten an Most für den Konsum und sogar für den Export nach Amerika als Branntwein, der zum Zweig des Reichtums wurde."

Foto aus den 50er Jahren des 20. Jahrhunderts von Martín Arteta, www.memoriadelanzarote.com zur Verfügung gestellt von Arminda Arteta.

Auch schon vor den Vulkanausbrüchen wurde festgestellt, dass man, wenn man den „arena" dort wo er nicht zu dick war, beiseite räumte, Bäume und Wein pflanzen konnte, die schnell gediehen. Die „arena"-Schicht machte möglich, was vorher unmöglich war. Der karge Niederschlag und der kontinuierliche Wind (der nicht nur die Pflege der Pflanzen behinderte, sondern auch zur Austrocknung des Bodens beitrug) wurden durch die Schicht an "picón" oder Vulkansand gelindert. Ihn „picón" zu nennen ist dabei ein kleiner Scherz (wenn nicht sehr lustig, so doch überaus erfolgreich), denn so wurde speziell in Andalusien kleingehackte Kohle genannt, die vor einigen Jahrzehnten verkauft wurden und ein ähnliches Aussehen hatten.

Die zweite Schwierigkeit war und ist der Wind, der das Wachstum der Pflanzen verhindert oder erschwert, es sei denn es handelt sich um Feigenbäume oder Maulbeeren, die ganz besonders resistent gegen den Passatwind sind. Die landwirtschaftlichen Techniken um dem Wind zu begegnen waren in den Azoren wohlbekannt, insbesondere seit der zweiten Hälfte des 16. Jahrhunderts auf der Insel Pico. Die Pflanzen werden durch trockene Steinmauern geschützt, welche aus dem vorhandenen Vulkangestein errichtet werden.

Diese Anbaumethode (die Weinreben benötigen viel Fläche wenn sie sich aufgrund des Windes nicht erheben können) führt zu einer sehr geringen Pflanzdichte pro Hektar; die maximal mögliche Dichte die auf Lanzarote ausprobiert wurde liegt bei ca. 900 Pflanzen, im Durchschnitt liegt die Nummer zwischen 400 und 600. In Gebieten mit großen „hoyos" steigt die Anzahl der Pflanzen aufgrund der Dicke der „arena"-Schicht nicht über 300.

Beide Bedingungen, die heutzutage genau die selben sind, verdammen die Landwirtschaft zu dem, was man heute extrem nennt, wie der Autor Huetz de Lemps in "Vignobles et vins d'Espagne: L'étonnant vignoble de Lanzarote" feststellt. Als Huetz später entschied ein weiteres Werk über den extremen Weinanbau zu veröffentlichen, das er "Les vins de l'impossible" nannte, schmückte das Bild eines Weinbergs auf Lanzarote die Vorderseite des Buches.

Zahlreiche notarielle Urkunden aus der zweiten Hälfte des 18. Jahrhunderts bezeugen die Erschaffung von „hoyos" aus „arena", oder anders ausgedrückt, die Beseitigung von „picón" um in der fruchtbaren Erde Wein oder Obstbäume zu pflanzen.

Der blitzartige Wachstum des Weinanbaus wird in erster Linie mit dem großen Interesse der Händler aus Teneriffa erklärt, genau wie in den anderen herrschaftlichen Inseln (wie La Gomera und El Hierro), die den Anbau anregten um den Bedarf an Branntwein zu decken, der nach Amerika exportiert oder in ihre Weine gemischt wurde, da auf Teneriffa alkoholreiche Weine mit einer dunkleren Farbe produziert wurden, die den Madeiraweinen der Zeit ähnelten. Das Interesse aus Teneriffa wurde zusätzlich durch die Probleme des Imports von Branntwein aus dem Festland aufgrund neu eingeführter Steuern gesteigert.

George Glas, schottischer Händler und guter Kenner der kanarischen Gesellschaft des zweiten Drittels des 18. Jahrhunderts, Weinhändler und häufiger Besucher Lanzarotes, erzählt in seiner "Beschreibung der Kanarischen Inseln" vom Anfang des Weinanbaus auf Lanzarote; seine Eindrücke reichen bis zum Anfang des Jahrzehnts 1760 zurück, ungefähr 25 Jahre

„Lanzarote unter dem Vulkan", von José de León Hernández

Vor einige Jahren veröffentlichte der Archäologe, Doktor der Geschichte und Experte für kulturelles Erbe José de León Hernández das Buch „Lanzarote unter dem Vulkan", eine sehr komplette und rigorose Studie welche die Geschichte und die Geografie Lanzarotes rekonstruiert, die nach den Vulkanausbrüchen von Timanfaya im 18. Jahrhundert von der Lava bedeckt wurden. Der Autor selbst hat die Beweggründe des Buches wie folgt beschrieben:

"Der Versuch, dass die Einwohner Lanzarotes und die tausende Personen die uns besuchen sich fragen könnten, was sich vor den Ausbrüchen des 18. Jahrhunderts unter diesem immensen Meer an Lava und Vulkanasche befand, war einer der Ausgangspunkte dieses Buches, diese Frage zu beantworten war in letzter Instanz das Hauptanliegen. Vielen Augen haben auf dieses große Gebiet auf ganz unterschiedliche Weise geblickt, und tun dies noch heute. (…) In der Regel haben sie dieses über 200 Quadratkilometer Gebiet (fast die Größe der Insel El Hierro) als eine Schicht aus Stein und Asche betrachtet, als eine Landschaft ohne Tiefe, als ein Teil der Insel ohne Geschichte, ohne Vergangenheit, oder anders ausgedrückt, ohne Menschen.
Was ist dann mit den über 1500 Jahren geschehen, in denen die „Majos" dieses Gebiet bewohnten? Welche Dörfer bewohnten sie, welche Gebäude haben sie errichtet, welches kulturelle Erbe haben sie uns dort hinterlassen? Was geschah in dieser Zone, einer der am meisten geschätzten Lanzarotes, zwischen der Eroberung der Insel und den Vulkanausbrüchen? Was ist aus den Kirchen, Häusern, Ställen, Mühlen, Wassertanks geworden… was aus den tausenden, die das Flachland, die Hänge, die Küsten und das „malpais" bewohnten? Was wurde aus den Personen, die alles verloren? Wohin gingen sie um zu leben, Felder zu bepflanzen, Tiere zu hüten? Welchen Einfluss hat all dies auf die Neuorganisierung der neuen Insel, die entstand, als sich die Erde beruhigte? Können wir von einem Vorher und Nachher in der Geschichte Lanzarotes sprechen?"

Das Buch ist eine leidenschaftliche Studie und eine überaus empfehlenswerte Lektüre. Darüber hinaus liefert es Schlüssel zu einem wichtigen Kapitel der Entwicklung der Landschaft und der Gesellschaft der Insel Lanzarote.

Historische Quellen

Es gibt eine sehr umfangreiche Bibliografie um die Geschichte Lanzarotes kennenzulernen, und auch wenn es nach wie vor einige Lücken zu füllen gibt, kann man jedoch spezifische Texte oder spezialisierte Bücher über bestimmte Themen finden. Für diejenigen, die sich intensiver mit der generellen Geschichte der Insel auseinandersetzen möchten, empfehlen wir die Sammlung der "Jornadas de Estudios de Lanzarote y Fuerteventura (Studien-Tagungen Lanzarote und Fuerteventura)". Die dreizehn Bände, die diese Zusammenkunft von Spezialisten produziert hat, liefern die wissenschaftliche Basis über beide Inseln. Nach Sachgebieten gibt es sowohl für die Landwirtschaft als auch für den Weinanbau maßgebliche Werke. Die Forscher Jaime Gil und Marta Peña haben über verschiedene Aspekte der Landwirtschaft auf Lanzarote geschrieben, wie Getreide oder Weideland. Juan José Otamendi hat verschiedene Texte über die Geschichte des Weins veröffentlicht, unter ihnen "La tonelería tradicional y los vinos de Canarias (Die traditionelle Böttcherei und die kanarischen Weine)", außerdem koordiniert er die Bibliothek des Weinmuseums La Geria, eine der umfangreichsten zum Thema auf den Kanaren und in Spanien.

Mit dem Beginn des digitalen Zeitalters entstehen neue Plattformen im Internet, unter denen insbesondere die Sammlung memoriadelanzarote.com herausragt, ein großes digitales Archiv mit tausenden von Bildern, Texten, audiovisuellen Dateien und historischen Informationen über das dokumentierte Erbe der Insel. Außerdem sind die Memoria Digital de Canarias, der Universität ULPGC, sowie das Portal für antike Fotografien der Kanaren der FEDAC zu erwähnen.

nach Ende der Vulkanausbrüche: "Vor den letzten 30 Jahren wurde auf Lanzarote kein Wein produziert. Zu diesem Zeitpunkt brach ein Vulkan aus, der viele Felder mit Staub und kleinen porösen Steinen bedeckte, welche den Boden so sehr verbesserten, dass es heute dort Weinreben gibt die gut gedeihen und Trauben geben, aber ihr Wein ist dünn, arm und so herb, dass ein Ausländer ihn beim Probieren kaum von Essig unterscheiden kann, er ist allerdings sehr heilsam." Später erklärt er, dass „die Vulkane, die im Jahr 1730 ausbrachen, bis ins Jahr 1735 nicht aufhörten zu speien, sie spuckten auf die Erde der Insel eine solch große Menge an „arena" aus, dass sie sie überdüngten, seit dieser Zeit nutzen die Einheimischen dies aus um viele Obstbäume und Wein zu pflanzen. Der Wein, den sie produzieren, ist bitter und schwach, er dient nur um Branntwein herzustellen."

Aufgrund des Branntweins ließen sich Händler aus Teneriffa in Arrecife nieder und finanzierten den Anbau von Wein, indem sie den Most ankauften, den sie später in rudimentären Brennereien, destillierten, und so zum Wachstum der Hauptstadt beitrugen. Montelongo und Falero stellten in ihrem Buch "Der Hafen von Arrecife" fest: die Brennereien und Bodegas, die sich im Hafen von Arrecife niederließen, initiierten den Wirtschaftsaufschwung der Stadt, auch wenn dieser Aufschwung schon kurz darauf in Zusammenhang mit dem Anbau von Salzkraut gebracht wurde. Aus diesem Grund ist es nicht ungewöhnlich, dass der urbane Aufbruch der Stadt Arrecife mit diesem Produkt in Zusammenhang gebracht wird, auch wenn dies nicht komplett richtig ist, denn mehr als ihn tatsächlich auszulösen, hat sie ihn verstärkt.

Zur selben Zeit begann auch der Konsum dieser Weine auf Lanzarote und Fuerteventura, wie Vereinbarungen zwischen den Inselregierungen in der zweiten Hälfte des 18. Jahrhunderts belegen.

Postkarte aus den 70er Jahren, zur Verfügung gestellt von Rafael Silva.

Zu Ende des 18. Jahrhunderts wechselten der Weinhandel und die Brennereien in Arrecife in lanzarotenischen Besitz. Zu keiner Zeit war die Weinproduktion der wichtigste Wirtschaftszweig Lanzarotes, aber stets war sie ein wertvoller Teil ihrer Wirtschaft. Die konjunkturelle Bereicherung, die für einige wenige das Geschäft mit Salzkraut und anschließend mit „cochinilla“ bedeuteten, dienten der Finanzierung der Weinproduktion, indem sie einige der „modernsten“ Landwirtschaftseinrichtungen ermöglichten, insbesondere Bodegas. Laut den Statistiken des Marqués de Tabalosos, gefunden von Rumeu de Armas, wurden 1775 4500 Weinfässchen produziert, ungefähr 2.160.000 Liter (drei Millionen Kilo Trauben), obwohl, wie eine zeitgenössische Überlieferung, das Compendio, mitteilte, ein Viertel der Weinberge noch keine Früchte gaben, da sie neu gepflanzt waren. Die Weinproduktion Lanzarotes überstieg bei weitem die von Gran Canaria und La Palma.

Die Weine und Branntweine aus Lanzarote wurden auf andere Inseln exportiert, von wo aus sie ins spanische Amerika gelangten sowie in die 13 Kolonien, Keim der Vereinigten Staaten.

Bis zum Ende des 19. Jahrhunderts war der Weinanbau nur eine kleine wertvolle Insel in der landwirtschaftlichen Produktion. Auch wenn es einige Besitzer von großen Weinbergen und großen Bodegas gab (in lanzarotenischen Dimensionen), war der Anbau doch sehr verteilt und es gab kaum eine Familie, die nicht ihre eigenen Weinreben hatte. Bis in die 70er Jahre des 20. Jahrhunderts bedeutet der Besitz von Weinreben auch die Weinproduktion, in erster Linie zum Eigengebrauch und wenn etwas übrig blieb, zum Verkauf.

Wenn auch anfangs fast exklusiv Listán angebaut wurde, da er der ergiebigste Wein war, gewannen im Verlauf des 19. Jahrhunderts die traditionellen kanarischen Weinsorten und speziell der Malvasia (aber auch die Weine Diego und Moscatel) eine Stärke, die auf den anderen, mehr dem Wein zugeschriebenen Inseln wie Teneriffa, verloren ging. Dank den Berichten, die zur Nationalen Weinanbau-Ausstellung 1977 vom Ingenieur José Barrioso verfasst wurde, kennen wir dieses Phänomen sehr genau. Überraschend, dass diese Struktur von Varianten und Weintypen mit der seit der zweiten Hälfte des 16. Jahrhunderts vorherrschenden Tradition des Archipels korrespondiert, eine Struktur, die auf den anderen Inseln bereits vor der Attacke des Mehltaus im Jahr 1853 verändert wurde. Insbesondere die kanarische Malvasia, die fast komplett verschwunden war, wie Viera und Clavijo achtzig Jahre vor den Beobachtungen Barrioso feststellten, war auf Lanzarote sehr etabliert.

In den siebziger Jahren des 19. Jahrhunderts stimmen die Berichte der britischen Konsule mit denen des französischen Arztes und Naturkundler Verneau überein, der feststellte, dass die Vegetation sehr spärlich ist „... obwohl es unter den eingeführten Pflanzen eine gibt, die gedeiht: der Wein. Dieser produziert einen Weißwein mit zwischen 12 und 13 Prozent, sehr angenehm im Geschmack und der außerdem den Vorteil hat, sehr günstig zu sein. Die Weißweine aus Lanzarote, die nicht 11 oder 12 Prozent aufweisen, können unter uns als gute Weine durchgehen. Die normalen Rotweine aus Gran Canaria haben zwischen 12 und 14 Prozent, wenn sie nicht mit Alkohol angereichert sind. Diese liegen genau wie die aus Lanzarote, bei 25 Franc der Hektoliter."

Sehr wahrscheinlich ähnelt der Malvasia Wein, auf den sich die Berichte beziehen, mehr den aktuellen Weinen als denen, die in den ersten sieben Jahrzehnten des 20. Jahrhunderts hergestellt wurden, mit einem höheren Alkoholgehalt, aufgrund der Überreife der Trauben und trüber, aufgrund der Mischung von Sorten. Die kanarischen Weine, speziell die aus Teneriffa, da diese sowohl früher als auch heute vorherrschend im Anbau waren, verloren ihren internationalen Ruf und beschränkten sich auf den Eigenkonsum und die Versorgung von Schiffen.

Im letzten Jahrzehnt des 19. Jahrhunderts und den ersten drei des 20. Jahrhunderts fand eine wichtige technische Revolution statt, die Einführung von Kalk-Gestein-Tanks, die teilweise die Holzgefäße ablösten, die Nutzung von Abfüllpumpen oder hydraulischen Pressen, die die alten Balkenpressen verdrängten, die aufkommenden Entkernmaschinen, die die alten Siebe ersetzten, die ersten Versuche Wein in Flaschen abzufüllen, etc.

1930 gab es zwölf Weingeschäfte in der Hauptstadt. In der Regel gehörten diese Bodegabesitzern, die im Hafen von Arrecife Geschäfte eröffneten um den Wein direkt an die Kundschaft zu verkaufen oder ihn für den Export zu lagern. Der Wein wurde von den Bodegas aus in Eselskarren transportiert, mit zwei Fässchen als Ladung, dank den stetig wachsenden Wegen für den Straßenverkehr.

Mit der Geburt des Tourismussektors verschwand der größte Teil der traditionellen Bodegas. Die Kamele, die im Weinanbau auf Lanzarote so wichtig waren für den Transport der Ernte, des Mosts und der Weine, desertierten ebenfalls in Gruppen von der Landwirtschaft hin zum Tourismus. Zum Glück war Lanzarote nicht mehr von der Landwirtschaft abhängig, die unter sehr harten Bedingungen ausgeübt wurde und in stetiger Ungewissheit der Resultate je nach Niederschlagsmenge lag. Einige Großgrundbesitzer (nach lanzarotenischem Maß) vereinten sich unter der Leitung von Doktor Bethencourt um gemeinsam Wein zu produzieren, sie gründeten die Montaña Clara S.A. und bauten eine komplett neue Bodega. Der Großteil der Bodegas stellte den Betrieb ein, mit nur einigen Ausnahmen. Die Trauben der Weinbauer wurden in der Folge den Bodegas angeboten, die eigenständige Weinproduktion wird nach und nach eingestellt.

In den 80er Jahren findet mit der Einführung des rostfreien Stahls und Kältekammern eine erneute technische Revolution statt, die Vorreiterrolle auf dem Archipel einnimmt. Diese war in erster Linie den

Bilder von „hoyos“ in La Geria ohne „zoco“ oder normalen Schutzmantel.

Forderungen des professionellen Önologen Felipe Blanco Pinilla zu verdanken, der die Weine Lanzarotes veränderte (er näherte sie wieder den Weinen Lanzarotes der zweiten Hälfte des 19. Jahrhunderts an). Diese Veränderung war nicht zufällig, später war er als Direktor von Viña Norte für eine weitere Revolution in Teneriffa verantwortlich.

In den neunziger Jahren begann der Weinrat Lanzarotes seine Tätigkeit und in der ersten Epoche widmete er sich wie die anderen Weinräte, eine gewisse Disziplin bei der Weinproduktion einzufordern. Sobald dies erreicht wurde, konzentrierte sich seine Tätigkeit mehr auf die Unterstützung der Weinbauer und die Information der Bevölkerung über die symbolische Bedeutung des Weinanbaus. Diese positive Strömung hat zur Eröffnung neuer Bodegas geführt (wie man auf der Webseite des D.O. Lanzarote einsehen kann) mit einer sorgfältigen Herstellung von Weinen hoher Qualität, die vom Konsumenten gut aufgenommen werden und dem Weinanbau ein großes Interesse beschert.

Der Weinanbau auf Lanzarote, von weltweiten Experten einstimmig als überaus extrem eingestuft, mit Erträgen, die zehnmal unter den Erträgen anderer Zonen liegen und die, aufgrund von sehr irregulären Niederschläge, großen Schwankungen unterliegen, hat in den letzten Jahren ein Drittel an Umfang eingebüßt. Von wirtschaftlicher Sicht aus ist sein Gewicht unbedeutend, der Gesamtbetrag der Trauben über das Jahr übersteigt nicht die drei bis vier Millionen Euro Marke. Ich denke, dass er für die Bedeutung des Tourismussektors der Insel weit wichtiger ist, als für den eigentlichen Sektor des Weinanbaus. Aus diesem Grunde sollte es unbedingt erforderlich sein, dass die europäischen Gelder zum Umweltschutz nicht zum Großteil weiterhin in den Anbau unter Plastikplanen investiert werden, wie im Fall der Bananen, sondern mehr zugunsten der Weinbauer.

Es wäre auch hilfreich, wenn die Politiker aller Parteien eine andere Unterhaltung finden würden als die unendliche Geschichte des Plans für La Geria, ein perfektes Beispiel für das Sisyphus-Syndrom, denn dieser behindert die Bodegas unnötigerweise, mit Tanks und Einrichtungen mit falschen Dächern, die außerdem die Konkurrenz erschweren.

Der Weinanbau auf Lanzarote, Skelett der praktisch verschwundenen ehemaligen Landwirtschaftsproduktion der Insel, benötigt, dass die Weine der Insel aufgrund ihrer Qualität unter den besten Weinen Europas herausragen um die Trauben so vergüten zu können, dass es den Anstrengungen der Weinbauer entspricht. Die Situation ist gefährlich, aber man kann sie mit Optimismus betrachten. Man wird sehen.

Landarbeiter, die in der Erntezeit Tragekörbe auf ein Dromedar laden. Fotografie aus den 50er Jahren, www.memorialanzarote.com von Antonio Lorenzo zur Verfügung gestellt.

Das Dromedar

Das Dromedar (camelus dromedarius), ursprünglich aus Afrika, gelangte 1404 mit den ersten Morisken nach Lanzarote. Die Chronisten berichten, dass die Dromedare schwimmend an Boote gebunden auf die Insel gelangen, dank ihrer Geschicklichkeit und des hohen Schwimmvermögens dieser Tiere, manchmal wurden die Dromedare dabei von Fischen angegriffen.

1730 wurden 5000 Einwohner auf der Insel gezählt und 1700 Dromedare. Während der historischen Vulkanausbrüche von Timanfaya wurden viele Dromedare nach La Graciosa gebracht, da die Tiere eher Gefahr liefen zu ersticken, wie der Spezialist Francisco J. Fabelo berichtet.

Zum perfekten Werkzeug für die Landwirtschaft konvertiert dienten die Dromedare nicht nur in La Geria, sondern für jegliche Art von Landwirtschaft. Sie konnten mehr Lasten tragen als jedes andere Tier und waren ideal zum Pflügen, Sähen und zur Ausübung anderer schwerer Tätigkeiten. Ihr Einsatz durch die Landarbeiter auf Lanzarote war bis vor einige Jahrzehnte konstant. In den 40er Jahren wurden 3000 Dromedare auf der Insel gezählt. Auf Lanzarote wird zwischen zwei Arten von Dromedaren unterschieden, dem "moro" mit afrikanischer Herkunft, und dem "canario" oder "majorero", von geringerer Höhe, jedoch korpulenter.

In der Gegenwart ist ihr Hauptnutzen für touristische Zwecke, die Landwirtschaftsarbeit wurde verlassen. Ihre neue Tätigkeit entstand in den 50er Jahren, als zum ersten Mal Dromedare benutzt wurden, um die ersten Besucher der Insel in der Zone von Timanfaya spazieren zu führen. Heutzutage befinden sich die meisten Dromedare der Insel in Uga, von wo aus sie sich täglich zum Timanfaya Gebiet aufmachen.

Interessierte können die traditionelle und uralte Arbeit der Dromedare in La Geria während der Erntefeierlichkeiten sehen, die jährlich am 15. August begangen werden. Wenn Sie auf einem Dromedar reiten möchten, um die Landschaft zu genießen, können Sie dies in Timanfaya und La Geria tun.

Dromedar, das von einer Landarbeiterin mit "palote" beladen wird (Reste von Pflanzen, die als Tiernahrung genutzt werden), im Gebiet von Masdache. Fotografie der 50er Jahre, zur Verfügung gestellt von Antonio Lorenzo.

Lobrede an das Dromedar mit Pflug

Von Agustín Espinosa, aus seinem Buch Lancelot, 28°-7° (Verlag Alfa, Madrid: 1929)

Für dich — Dromedar mit Pflug aus Lanzarote — mein ganz spezieller militärischer Gruß. Für deine langsamen Schritte eines pensionierten Generals. Für deine Gesten eines Unverstandenen. Vor allem für deinen großen Säbel aus Holz. Für diesen großen Pflugsäbel, den du so stilvoll durch die flache Erde Lanzarotes pflügst, als wäre es ein Teppich in einem großem Empfang des Konsuls. Mit einer solch traurigen Gnade, dass einzig Charlie Chaplin dich Meister nennen dürfte.

Wie schön bist du — Dromedar aus Lanzarote— dann! Du, der ohne Pflug das hässlichste aller Tiere bist. Weil du hässlich bist und man in dir die Nacktheit deutlicher verspürt, als bei niemandem sonst.

Ich werde mich stets erinnern — Dromedar mit Pflug aus Lanzarote — an den ersten Eindruck deiner pflügenden Silhouette, wie ein großer Schauspieler der Steppe. Ich werde mich stets erinnern an mein Lächeln, vor deinem großen Film für Minderheiten (nur Charlie Chaplin lässt mich auf dieselbe Art lächeln). Würdest du nach New York gehen — Dromedar mit Pflug aus Lanzarote — würde ich den Geschäftsmann für deine Filme finden. Du würdest mit Pamplinas und Mary Pikford arbeiten, mit Charles Chaplin und mit Harold. Und du hättest dein kindliches Publikum, welches dir laut applaudieren würde, wenn du Gefechte gewinnst oder Burgen einnimmst, mit deinem großen Säbel aus Holz.

Für dich — Dromedar mit Pflug aus Lanzarote — mein ganz spezieller militärischer Gruß. Und - ebenfalls - mein Gruß als vergnügter Zuschauer deiner unveröffentlichten Kunst. Deiner unverstandenen Kunst – Dromedar für Minderheiten: Meister der Schauspieler des Daseins.

4. LA GERIA, LANDSCHAFT DES WEINS

Francisco de León ist einer der „authentischen Krieger der Insel", wie es der Illustrator und Maler Santiago Alemán ausdrücken würde. Er hat Jahrzehnte in La Geria gearbeitet und selbst heutzutage, mit über 80 Jahren, tut er dies fast täglich. Seitdem er jung war, hat er „hoyos" und „zocos" erstellt. Von Sonnenaufgang bis zum Sonnenuntergang bewegte er den „picón" um „hoyos" zu formen. Generationen von Franciscos haben auf nachhaltige Art die Physiognomie von tausenden von Hektar Land verändert, in kompletter Handarbeit, die im 18. Jahrhundert begann und heute nach einem Weg sucht, im 21. Jahrhundert zu überleben.

Derjenige, der den Wein Lanzarotes trinkt, sollte wissen, dass er mit seinem Geld hilft, eine weltweit einmalige natürliche und menschliche Landschaft zu erhalten. Die Magie von La Geria lebt nicht nur in der beeindruckenden Ästhetik seiner Landschaft. Seine visuelle Schönheit wird von herausragenden ethnografischen und Umweltwerten begleitet, Werten, die aus der gigantischen Arbeit von tausenden anonymen Landarbeitern unter ungewissen und leidvollen Bedingungen entstanden. Das Resultat dagegen ist ein unglaubliches Beispiel für den Respekt, den es beinhaltet, und die Symbiose mit der Natur. La Geria ist eine Landschaft, die voller bildlicher Schönheit steckt, sie beinhaltet aber ebenso soziale, kulturelle und ökologische Lektionen.

Gegenwärtig unternehmen öffentliche Institutionen, private Organisationen und Privatleute neue Anstrengungen, um ein so zerbrechliches und delikates Gebiet wie La Geria am Leben zu erhalten. Die Hauptachse, um die sich dieser Mikrokosmos dreht, ist der Wein, deshalb beinhalten alle Anstrengungen das Verschwinden von La Geria aufzuhalten, eine Revitalisierung des Weinanbaus. Mit dem Aufkommen des Tourismus hat Lanzarote eine soziologische und wirtschaftliche Transformation erlebt, die den alteingesessenen Landarbeitern keinen Spielraum mehr einräumt. Dieses Phänomen führte in La Geria, wie in so vielen anderen Zonen, zu einem fortschreitenden und alarmierenden Prozess der Vernachlässigung. Die Modernisierung der Insel verhinderte die Versorgung der Felder mit neuen Generationen von Landarbeitern, ein Großteil der Jugend, die diesen Generationenwechsel herbeiführen könnten, haben in den Dienstleistungssektor gewechselt.

Heute schauen viele auf den Wein und den Weintourismus als den Weg, der die Zukunft für eine absolut einmalige und modellhafte Landschaft garantieren könnte,

Fotografie von Nicolás Melián.

voller Kultur, biologischer Vielfalt, Ökologie und tausenden von anonymen epischen Geschichten wie die Geschichte Franciscos. In Wirklichkeit waren die Landarbeiter Lanzarotes Pioniere im Gebrauch der Formel, die der Planet für das 21. Jahrhundert benötigt: ein Pakt der Nachhaltigkeit zwischen Mensch und natürlichen Ressourcen. Hier liegt der wahre Wert des Weins aus Lanzarote.

Francisco de León.

Toponymik

von Agustín Pallarés

Geria, La. Umfassendes Gebiet, das sich als breites Tal im Norden zwischen den Bergen Chupadero und Diama, und im Süden zwischen den Bergen Tinasoria, Guardilama und Caldera Gaida erstreckt. Es beginnt einige Kilometer nordöstlich von Uga und es zieht sich über ca. drei Kilometer in dieselbe Richtung bis zum Berg Peña Palomas.

Die Gegend charakterisiert sich dadurch, dass sie von einer dichten Schicht an „lapilli" oder schwarzem Vulkansand bedeckt wurde, deren Dicke an den meisten Stellen fast zwei Meter beträgt und sogar die doppelte Menge nordöstlich des Montaña Diama, am Ort, der als El Cañón bekannt ist. Eine solch dicke „arena"-Schicht stammt aus dem Umstand, dass dort in immer neuen Schichten das vulkanische Material gelagert wurde, welches aus dem ersten, 1730 ausgebrochenen Vulkan, La Caldera de los Cuervos, sowie dem zweiten, La Caldera de la Rilla, stammte. Der zweite der beiden war der Vulkan, der die größte Menge dieses Materials in diesen Jahren ausstieß und dieses über ein sehr großes Gebiet verteilte.

Im Folgenden einige Nachrichten von historischem Interesse aus diesem bekannten Gebiet, erstellt von verschiedenen Reisenden. Im Jahr 1571 verkauften die Ehepaare Marcos Verde und Justa Melián sowie Diego Vázquez und Margarita Ruiz an den Vikar von Lanzarote, Luis de Bethencourt, „unseren Sitz und unser Landgut in La Geria, Land von der Umzäunung ins Innere, die sowohl bestellt als auch unbestellt sind." Zu den Konstruktionen dieses Landguts gehörten „Häuser und Mühlen, offene und geschlossene Wassertanks, sowie Zisternen", ein Besitz, welcher offensichtlich große Ländereien beinhaltete.

Insbesondere die große Umzäunung, die in dem Dokument erwähnt wird und welche das Gut umgibt, erregt mein Interesse, denn diese könnte in Verbindung stehen mit der Bedeutung des Namens des Gebiets welches wir betrachten. Nur einige Kilometer von Tahiche entfernt liegt El Cercado de La Geria, welches als herausragende Charakteristika ebenfalls eine umfangreiche Größe von ca. einem Kilometer Länge und etwas weniger an Breite vorweist.

Das Wort „geria" wird als wahrscheinlich berberischer Herkunft angenommen. Allerdings gibt es in der Provinz Valladolid einen Ort mit demselben Namen. In der spanischen Sprache existiert auch das Wort 'heria', mit gehauchtem „h", Archaismus von „feria", welches noch in Mexiko benutzt wird. Nach Sabino Berthelot (1842/1978:160) könnte es von dem berberischen Wort „yeria" stammen, welches in dieser Sprache Korn bedeutet. Manchmal wurde auch leichtfertig, ohne Basis für diese Annahme, behauptet, dass dem Gebiet dieser Name aufgrund der halbkreisförmigen Mauern verliehen wurde, welche den Wein schützen. Allerdings reicht es aus zu wissen, das diese Mauern erst gebaut wurden, nachdem das Gebiet 1730 von der Vulkanasche bedeckt wurde um diese Möglichkeit auszuschließen, denn der Gebrauch des Namens La Geria kann bis mindestens in 16. Jahrhundert zurückverfolgt werden. Es kann noch hinzugefügt werden, dass der am meisten gebräuchliche Namen dieser Windbrecher aus Stein „abrigo (Mantel)" ist, aber ich habe auch einige alte Personen gefunden welche sie unter dem Begriff „goire" kennen.

Seit dem ersten Jahrzehnt des 18. Jahrhunderts besaß der Begünstigte Diego de Laguna, der in diesen Jahren die Kirche La Caridad erbauen ließ, ein Landgut in La Geria mit Wassertank und weiteren Anbauten.

Die traditionelle Art im „hoyo" zu arbeiten ist barfuss.

Wie A. de la Hoz (1962:237) berichtete, der 1730 gemeinsam mit dem zuvor genannten Begünstigten Besitzer in La Geria war, ordnete der damalige Bischoff der kanarischen Diözese, Pedro Dávila y Cárdenas, als er erfuhr dass sein Besitz von der Vulkanasche begraben wurde, jedoch nicht den Ausmaß der Katastrophe kannte, in seiner Naivität an, dass „auf den Rücken von Kamelen die Asche abtransportiert werde, welche auf sein Land geregnet ist..." Angesichts der physischen Unmöglichkeit diese Arbeit auszuführen – wie de La Hoz im weiteren erklärt – wurden einige „hoyos" geöffnet um die Muttererde zu erreichen, und dort wurden Leinsamen und Kürbisse gepflanzt, deren Früchte von überaus guter Qualität waren.

Im selben Jahr 1730 besagt ein Dokument, welches zu den Akten des Archivs von Simancas gehört und vom 19. Dezember datiert ist, dass es bereits sieben Nachbarn in La Geria gibt.

Laut einem Bericht über Lanzarote, zusammengestellt vom Ingenieur José Ruiz Cermeño bei einem Besuch der Insel 1772, lebten im Gebiet von La Geria zu jener Zeit sieben Familien. Dieselbe Nummer erscheint wenig später im "Compendio brebe y famosso" von 1776.

In seinem Lexikon (1850/1986:116) stellt P. Madoz fest, dass in einem Jahrfünft in La Geria „zusätzlich zu Früchten von verschiedenen Bäumen, in erster Linie Feigenbäume, auch 1500 Fässchen Most produziert wurden, mit einer Qualität für Branntwein, welcher nach Amerika exportiert wurde, wo dieser hoch geschätzt ist."

Zur selben Zeit ("Yaiza y su tierra (Yaiza und sein Land)", Band II, 1999:47) gab es in La Geria „ein Haus mit zwei Stockwerken, vier ebenerdige Häuser und sechs Hütten, die 30 Seelen beherbergten. In 1887 war die Nachbarschaft Dank dem Weinanbau auf 85 Einwohner angewachsen.

P. de Olive (1860) sprach dagegen von fünf Häusern und sechs Hütten.

La Geria ist zum Naturschutzgebiet erklärt worden um seine originelle Landschaft zu würdigen, Produkt aus einer intensiven schwarzen Farbe, welche aufgrund der dichten Schicht an Vulkansand oder „lapilli" den Boden dominiert, unterbrochen von zahllosen verteilten „hoyos", aus denen im Sommer die grünen Zweige des Weins ragen und die einen chromatischen Kontrast produzieren, der in der Welt des Weinanbaus einmalig ist.

Eine Landarbeiterin, die eine Listán negro Rebe erntet, geschmückt mit einem klassischen Hut der Landarbeiterinnen.

5.NATÜRLICHE WERTE

Klima

Die kanarischen Inseln sind vulkanischen Ursprungs und gehören zur natürlichen Region bekannt als Makaronesien, zu der außerdem die atlantischen Archipele der Kapverden, die Azoren, Madeira und die Ilhas Selvagens gehören. Das vorherrschende Klima auf den Kanaren ist trocken-feucht-tropisch, da sie jedoch im Atlantik liegen, und bedingt durch die Form einzelner Inseln, existieren zahlreiche Unterklimagebiete. Der Archipel steht unter dem Einfluss der Passatwinde, die im Hochdruckgebiet der Azoren entstehen. Die Nähe zur Saharawüste liefert weitere Einflüsse und bringt manchmal eine trockene und sehr heiße Luft mit einem großen Staubanteil in der Luft, Calima genannt. Die Kombination aus Winden, Meeresströmungen und Aktionszentren bedingen, dass die Temperaturen auf den Kanaren sehr stabil und nicht zu heiß sind. Diese Charakteristika haben einer großen biologischen Vielfalt Platz geschaffen welche, gemeinsam mit dem landschaftlichen und geologischen Reichtum, die Existenz von vier Nationalparks rechtfertigen sowie die Tatsache, dass mehrere Inseln Biosphärenreservat der UNESCO sind und andere Zonen zu Weltkulturerben deklariert wurden.

Wasser und Temperatur

Das Klima in Lanzarote kann nach dem Indize von Lang als wüstenähnlich, nach dem Indize von Martonne als vollarid, und nach der Klassifikation von Papadakis als mediterran-halbarid-subtropisch bezeichnet werden.

Im Bereich der Niederschläge beträgt der Jahresdurchschnitt 150 Milliliter. Der Regen ist weder reichhaltig noch regelmäßig. Die trockenste Jahreszeit ist der Sommer, obwohl es aufgrund der Feuchtigkeit, die die Passatwinde generieren, durchaus zu Niederschlägen kommen kann.

Nach der Klassifikation von Thornthwaite kann man das Gebiet, zu dem die geschützte Landschaft von La Geria gehört, als arid und mesothermal definieren, mit milden und konstanten Jahresdurchschnittstemperaturen.

Zwischen den Sommer und Wintermonaten existieren große tägliche Schwankungen mit kargen Niederschlägen, die sich über das Jahr in unregelmäßigen Abständen wiederholen, aber niemals die 200 mm/Jahr übersteigen.

Die Jahresdurchschnittstemperatur beträgt 20°. Der Monat mit den wärmsten Temperaturen ist August und der kälteste Januar. Es existiert eine jährliche Durchschnitts-

Anbau und Vulkane

Die Landschaft von La Geria wird von den Materialien dominiert, die während der vulkanischen Aktivität des 18. Jahrhunderts ausgestoßen wurde, unter ihnen müssen wir zwischen Flussmaterial und Flugmaterial unterscheiden. Das Flussmaterial kann außerdem in malpaís-Flussmaterial (Typ aa), charakterisiert durch abrupte Schnitte und Brüche, und pahoehoe-Flussmaterial, von glatter Oberfläche, unterteilt werden. Das Flugmaterial kann Schlacke, „rofes“ oder „arenas“ bilden, je nach Grad ihrer Fragmentierung. Zusätzlich finden wir noch eine weitere Art von Boden: die „islotes (Inselchen)“, kleine Teile von Land aus der Zeit vor den Ausbrüchen, die nicht von Lava bedeckt wurden.

Innerhalb des Naturschutzgebiets La Geria existieren zwei Arten von edaphischen Substraten in Zusammenhang mit zwei Anbauarten: der Anbau in traditionellen „hoyos“, über bereits vorhandenen Böden, die von der Asche der Ausbrüche der Jahre 1730-36 bedeckt wurden, und die künstlich angelegten, in denen Böden aus Gebieten außerhalb des Schutzgebiets verwendet werden.

schwankung von 7,7°, weshalb klare Isotherme festgestellt werden können, die aus den das ganze Jahr andauernden Effekten des Passatwinds entsteht. Es können Maximaltemperaturen von über 40° erreicht werden, welche Luftströmungen aus der Sahara generieren, und Minimaltemperaturen von unter 10° in den Wintermonaten.

Böden

Der Boden auf Lanzarote ist aus Basalt aus verschiedenen Zeiten des Mittel- und Alt-Pleistozän, zu dem sich historische Vulkanergüsse hinzufügen, und weist eine karge Vegetation auf, die jedoch endemische Exemplare von großem Wert enthält.

In La Geria existiert ein weiterer Faktor, welcher den Boden einzigartig macht, und zwar die Bedeckung der Erde durch die Vulkanasche der historischen Vulkanausbrüche des 18. Jahrhunderts. Die bedeckten Böden in La Geria gehören zum Paleorthids und Caciorthids, die sich auf Material der Serie II weiterentwickelt haben mit entsprechenden Charakteristika, die denen in den Bergen von Famara und Los Ajaches entsprechen. In den Anbauzonen zeigen die Böden rötliche Farben, eine lehmähnliche Struktur und einen guten durchschnittlichen Anteil an organischer Materie, die eine gute Versorgung an Stickstoff für die Ansprüche des Weins garantiert. Die Anzahl an Makro-Hauptnährstoffen (N, P, K) ist optimal und die Präsenz von freien Karbonaten produziert einen Basis-Ph-Wert.

Fauna

a) wirbellose Tiere. Offensichtlich überragen hierbei die Insekten, wie Spinnen und Käfer, insbesondere solche, die in Höhlen leben. Im Umfeld der Lava stechen verschiedene Exemplare von Springschwänze und Spinnen heraus, begleitet von zwei Ar-

Ein beachtenswerter Aspekt in Bezug auf die Vogelfauna ist, das La Geria, gemeinsam mit dem Naturpark Los Volcanes, Teil einer speziellen Schutzzone für Vögel ist (Zona de Especial Protección para las Aves - ZEPA). Die Kriterien, die die Deklaration zum Zepa-Gebiet rechtfertigten, waren das Vorhandensein von Vögeln wie dem Bulwersturmvogel, dem Gelbschnabel-Sturmtaucher und der Stummellerche. Die Erklärung zur ZEPA-Zone verpflichtet dazu, gemäß der Direktive 79/409 CEE, dass die geschützten Spezies Objekte besonderer Arterhaltungsmaßnahmen, insbesondere in Bezug auf ihren Lebensraum, sind. Dies beschränkt in weitem Maße jedweden Eingriff in dieses überaus sensible Schutzgebiet.

ten von Heuschrecken. Außerdem gibt es Libellen, die jedoch lediglich Besucher in den Zeiten der Saharawinde sind.

b) Reptilien. Von den drei angeblich auf Lanzarote entdeckten Arten – der Eidechse von Haría, dem Kanarischen Mauergecko und dem Purpurarien-Skink – kann nur noch die letzte bestätigt werden, es gibt Hinweise auf Präsenz dieser Reptilien in Mozaga und Conil.

c) Säugetiere. Außer dem Jagdwild sind die Säugetiere durch zwei sehr interessante Spezies vertreten: dem afrikanischen Igel (Atelerix algirus) und der Kanaren-Spitzmaus (Crocidura canariensis).

d) Vögel. Von Meeresvögeln wie dem Bulwersturmvogel bis hin zu in Felsen lebenden Raubvögeln (Turmfalke, Wüstenfalke und der Schleiereule), der Krähe und dem Einfarbsegler. La Geria ragt aufgrund des Reichtums an Vogelarten heraus. Dieses Naturschutzgebiet ist zum Beispiel eine der potentesten Enklaven von Spezies wie dem Turmfalken oder der Eule.

Gemeinsam mit den bereits genannten Gruppen ragen in La Geria auch Spezies der in trockenen Landstichen lebenden Gruppen (Triel, Stummellerche, Wüstengimpel und Kanarenpieper) sowie der in Anbaugebieten lebenden Gruppen (Wiedehopf, Südliche Raubwürger, Bluthänfling, Weidensperling und die Türkentaube) heraus.

e) Jagdwild. Unter dem Jagdwild ragen insbesondere das Kaninchen und das Felsenhuhn heraus, mit geringerer Jagdfrequenz auch die Turteltaube, die Felsentaube und die Wachtel.

Zuletzt, und damit bei den bedrohten Arten angelangt, müssen wir leider feststellen, dass das Aussterben einiger Arten in erster Linie mit der generell regressiven Dynamik der Fauna der Insel zusammenhängt, insbesondere durch den Rückgang der Landwirtschaft, dem Fehlen an Trinkquellen und Wassertanks, sowie dem Einsatz von Gift durch einige Landarbeiter.

Flora

Die ozeanischen Inseln charakterisieren sich dadurch, dass sie Enklaven für eine große biologische Artenvielfalt sind. Ausgehend von den Spezies, die sich zuerst ansiedelten, und durch natürliche Differenzierungsprozesse bedingt, entstanden neue Spezies die fähig waren, brache Nischen und Lebensräume zu füllen. Auf diese Weise entstand die einmalige und reichhaltige Flora, die wir heute auf dem kanarischen Archipel kennen.

Flechte Estereocaulon Vesubianum

Malven

Verlassenes Landgut in La Geria, mit „bobos" und „aulagas" bewachsen

Im Allgemeinen verfügt Lanzarote über eine zusammengesetzte Vegetation aus Spezies, die sich daran angepasst haben, aufgrund der Dürre, dem „malpaís" und dem Wind, das Jahr über unter besonders harten Bedingungen zu leben. Aus diesem Grund gibt es außer den Palmen kaum Baumbestand. Zu den charakteristischsten Pflanzen dieser Erde gehören die Gruppen der Oleanderblättrige Kleinie, der Balsam-Wolfsmilch und der Kanaren-Wolfsmilch. Insgesamt wurden in La Geria 295 Taxa gefunden, die zu 65 Familien gehören, gleichbedeutend mit 45,6% der Flora Lanzarotes. Ja nach den Bedingungen der Zonen kann man zwischen vier verschiedenen Typen von Vegetation unterscheiden:

a) Gruppe der Flechten. Mit dieser botanischen Gruppe beginnt die Vegetation auf den neueren Substraten von Timanfaya. Pionier-Flechten beim Beginn der Vegetation, wie Estereocaulon Vesubianum, Lecanora sp., Ramalina sp. und Xanthoria sp. sind die am häufigsten verbreiteten Spezies unter den Dutzenden, die man in diesen Lavafeldern findet.

b) Gruppe der Felspflanzen. Unter den auf Fels wachsenden Pflanzen finden wir unterschiedliche Farnkräuter wie Davallia Canariensis, Cosentinia Vellea oder Adiantum Capillus Veneris (Frauenharrfarn). Innerhalb dieser Gruppe finden wir außerdem thermophile Flecken, repräsentiert von Spezies wie Salvia Canariensis, Hypericum grandifolia oder Asparagus nesiotes. Auch können in diesen Lebensräumen Greenovia Aeonietea beheimatet sein, aufgrund ihrer hohen endemischen Werte von großem wissenschaftlichem Interesse.

c) Stickstoffreiches Weide und Grasland. Das Weide- und Grasland verteilt sich in unterschiedlichen Formen über die Gebiete, die nicht von den Vulkaneruptionen von Timanfaya betroffen waren. Es ragen der hiparrhenia hirta oder cenchro ciliaris heraus. Auf der anderen Seite haben die Gräser der chenopodio Muralis und Malvetun parviflorae, wenn auch von geringerem endemischen Wert, eine große Bedeutung für die Gemeinschaft der Vögel, sowie anderen lokalen Spezies wie „cerrajas, pajogato, chausquillo, pelotilla, etc". Außerdem findet man Eiskraut (Mesembryanthemum Crystallini), aufgrund seiner ruderalen und nitrophilen Eigenschaften, Knotenblütige Mittagsblume (Mesembryanthemum Nodiflorum) sowie Betoideae (Patellifolia Patellaris).

d) Sträucher-Vegetation. Man kann hier zwei Gruppen unterscheiden. Die erste sind Wolfsmilchgewächse (Kleinio- Euphorbietea Canariensis), repräsentiert durch Euphorbia Balsamífera und Euphorbia Regis-Jubae. Letztere verteilt sich in der Regel hauptsächlich auf verlassenen Anbaugebieten, oft begleitet von Nauplius Intermedios. Die zweite Gruppe der Sträucher sind Aulaga-salsolar (Launaea Arborescens -Schyzoginetum Sericeae). Diese Gruppe ist insbesondere in den Zonen reichhaltig vorhanden, die nicht von den historischen Vulkanausbrüchen betroffen waren. Ihre Ausbreitung variiert, sie können aufgrund ihrer starken Kolonisierungsfähigkeit jede Art von kultivierten oder veränderten Boden durchdringen.

Obstbäume

von Ignacio Romero

Gemeinsam mit der Weinrebe (Vitis vinifera), Königin von La Geria, existieren Fruchtbäume mit überaus wichtiger Bedeutung für die Landschaft und die Nahrungsversorgung, letztere insbesondere als essentielle Nahrungsquelle in der Vergangenheit. Wenn wir genau hinschauen sehen wir, dass einige über die „hoyos“ von La Geria herausragen, andere verstecken sich in ihnen. Nur wenn wir uns ihnen nähern, können wir sie identifizieren.

Der Feigenbaum ist einer der dominanten Obstbäume mit eindrucksvollen Erträgen. Bis ins letzte Drittel des 20. Jahrhunderts waren sie Teil der traditionellen Diät auf Lanzarote. Höchstwahrscheinlich, wenn auch auf Lanzarote nicht bewiesen, bildeten Feigen auch die Diät der antiken Einwohner der Kanarischen Inseln. Dies wurde in archäologischen Studien auf Gran Canaria und Teneriffa nachgewiesen.

Die Frucht des Feigenbaums wurde frisch und getrocknet verzehrt, aus diesem Grund finden wir noch heute innerhalb der Landgüter ummauerte Gebiete, sogenannte „paseros“, in denen der Landarbeiter nach der Ernte die Feigen zum Trocken in der Sonne auslegte. Die getrocknete Frucht war ein derart wichtiges Nahrungsmittel, dass teilweise noch heute die Frucht des Feigenbaums von den Inselbewohnern „Frucht“ und die getrocknete Feige „Trockenfrucht“ genannt werden.
Außer den Weinreben und den Feigenbäumen finden wir noch vielen weitere Arten von Obstbäumen, die wir aufgrund der kargen Niederschläge hier nicht erwarten würden. Die Schicht an Vulkanasche schafft einen natürlichen „mulching“ Effekt der es erlaubt, auf diesem Breitengrad und unter semiariden klimatischen Bedingungen all diese Obstbäume auf produktive Art zu halten.

Feigenbaum

Getrocknete Feige, bekannt als „fruta pasada“

Der Feigenbaum (Ficus carica) Fam. Moraceae
Der Feigenbaum ist ein Baum oder Strauch von geringer Größe, auf Lanzarote ist seine Dominanz in der Landschaft aufgrund des Mangels an anderen Bäumen signifikant. Aufgrund des Windes ist er hier von gedrungener Gestalt, in einzelnen Fällen kann er jedoch sogar die fünf Meter übersteigen. Er ist in verschiedenen Regionen der Welt zu finden, in erster Linie in Asien und im Mittelmeerraum. Er ist ein sehr genügsamer Baum in Bezug auf Bodenqualität und übersteht längere Dürrephasen. Er ist Laub abwerfend und produziert zwei Ernten pro Jahr: eine im Juni — auf Lanzarote "fruta sanjuanera (San Juan Frucht)" genannt — und eine weitere im August.

Es sind viele Varianten des Feigenbaums bekannt, welche sowohl durch ihre Früchte als auch durch die Form der Blätter unterschieden werden können. Auf Lanzarote finden wir die folgenden Arten: Gomera, Negra (schwarz), Conchinchina, Blanca (weiß), Cota, Bicariña, Brevera,...

Schwarze Maulbeere (Morus nigra) Fam. Moraceae
Baum von mittlerer Größe, Laub abwerfend, aus Asien stammend und aufgrund seiner essbaren und sehr wohlschmeckenden Früchte in der ganzen Welt angebaut. Die Maulbeere ist, wenn sie ausgereift ist, von schwärzlicher Farbe — vor der Reife ist sie erst grün und später rot.

Echte Guave (Psidium guajava) Fam. Myrtaceae
Kleiner Baum mit amerikanischem Ursprung der aufgrund seiner guten Resistenz gegen Trockenheit und großer Hitze auf Lanzarote angebaut wurde. Ihre Früchte, die Guaven, sind sehr wohlschmeckend und reich an Vitamin C.

Orangenbaum (Citrus × sinensis) Fam. Rutaceae
Der Orangebaum — auf Lanzarote „naranjero“ genannt — ist ein Baum von geringer Größe und von asiatischem Ursprung, dessen Anbau sich jedoch weltweit ausgedehnt hat. Seine Frucht ist die Orange.

Zitronenbaum (Citrus × limon) Fam. Rutaceae
Der Zitronenbaum ist ein Baum von geringer Größe und von asiatischem Ursprung, dessen Anbau sich jedoch weltweit ausgedehnt hat. Seine Frucht ist die Zitrone.

Opuntien (Opuntia ficus-indica) Fam. Cacteceae
Strauchgewächs mit zentralamerikanischem Ursprung, in der Gegenwart wird es in vielen semiariden Zonen der Welt angebaut. Seine Frucht, — auf Lanzarote „higo“, „higo picón“, „higos picos“ oder

Feigenbäume in der Zone von La Geria.

„tuno“ genannt — wird sowohl frisch als auch getrocknet gegessen — genau wie die Feigen auf „paseros“, werden sie auf sogenannten „porretos“ in der Sonne getrocknet. Die Strauchstruktur der Opuntien wird, wenn sie weich und in Stücke zerteilt ist, „pencas“ oder „palas“ genannt, und als Nahrungsmittel für Ziegen, Schafe und Dromedare genutzt. Auf Lanzarote, in den Gebieten von Guatiza und Mala, wird von ihnen die Cochenilleschildlaus (Dactylopius coccus) geerntet, ein parasitäres Insekt der Opuntie, das getrocknet einen sehr begehrten natürlichen Farbstoff liefert.

Avocadobaum (Persea americana) Fam. Lauraceae

Ein großer Baum mit zentralamerikanischem Ursprung. Hier in La Geria erreicht er aufgrund des mangelnden Wassers und dem konstanten Wind nicht diese Dimensionen. Seine Frucht, die Avocado, ist sehr fetthaltig und hoch geschätzt.

Andere Bäume die in der Zone gefunden werden können sind Birnenbäume, Nektarinenbäume, Pfirsichbäume, Olivenbäume, Mandelbäume, Mistelbäume und Johannisbrotbäume.

Teilschnitt der Pflanzung einer Weinrebe

Im Hoyo:

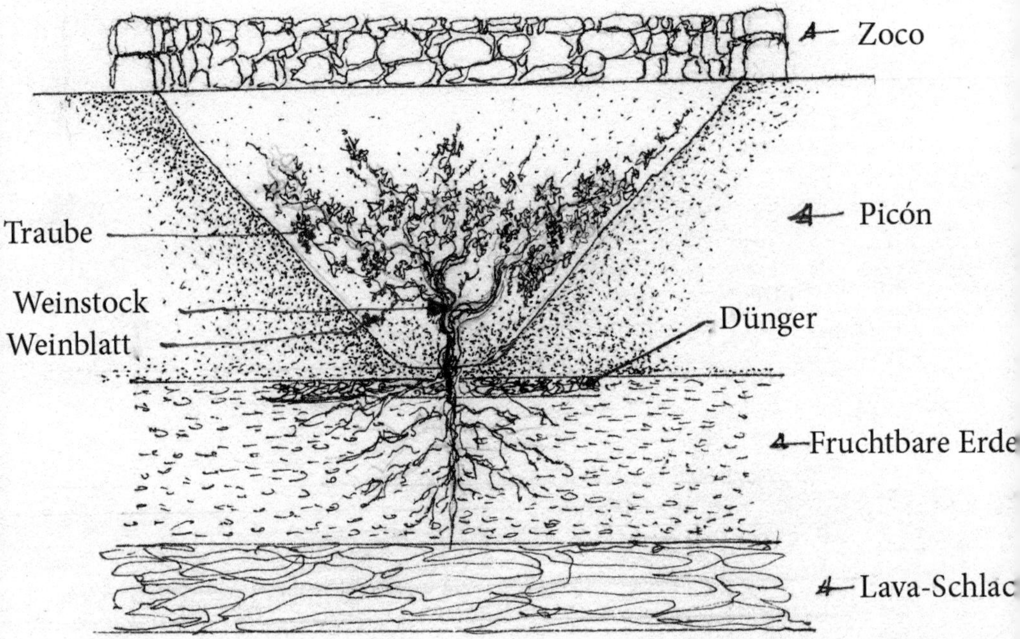

An der Oberfläche:

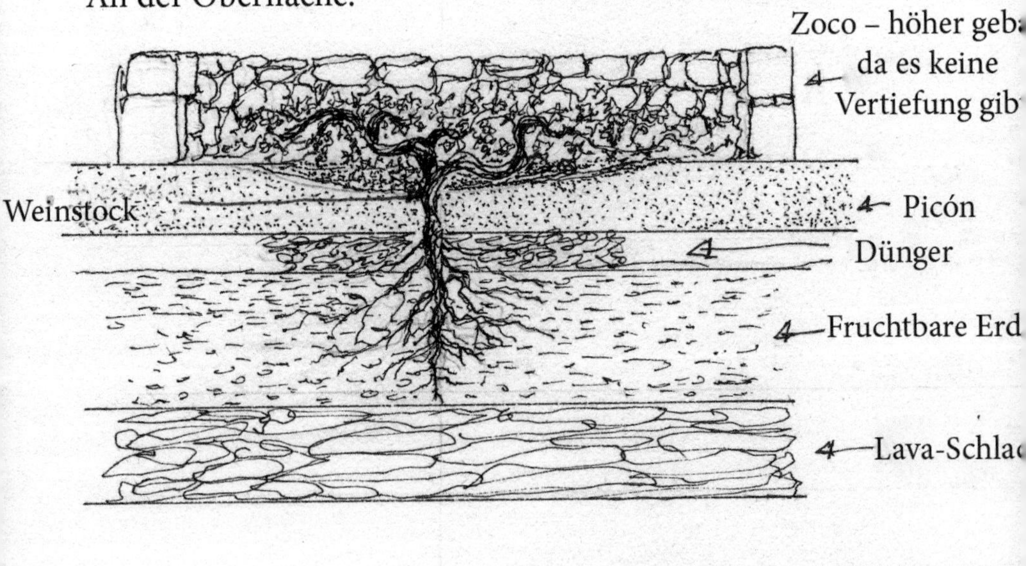

6.FORMEN DES ANBAUS UND DER ERNTE

Illustrationen von Santiago Alemán

Es existieren verschiedene Formen des Weinanbaus, die auf Lanzarote verbreitet sind, insbesondere die Konstruktion in „hoyos", in Gräben, in Spalieren und in „chabocos". Alle Anbauarten nutzen „rofe" als gemeinsames Element, um die fruchtbare Erde von der Oberfläche zu trennen. In Zonen, in denen der „rofe" bereits existierte ebenso wie in künstlich angelegten „enarenados". Die „rofe"-Schicht variiert in der Tiefe je nach dem bereits vorhandenen Material, sie unterschreitet allerdings niemals 30 Zentimeter und kann bis zu drei Meter erreichen. Der Einfluss der konstanten Passatwinde bewirkt, dass die Konfiguration des Anbaus stets einen Windschutz in Richtung Nordosten aufweist. Aus diesem Grund sind die „zocos", welche an „hoyos" oder Gräben stehen, und stets aus Vulkanstein gefertigt sind, in Richtung der Passatwinde orientiert. Diese „zocos" werden durch die Porosität der Vulkansteine gehalten, ohne irgendwelchen Mörtel oder Klebemittel, und die Löcher zwischen den Steinen erlauben eine stete Sauerstoffzufuhr der Weinrebe, welche die Ausbreitung von Plagen verhindert. Diese leichte Belüftung, zusammen mit den Feuchtigkeit isolierenden Eigenschaften des „rofe", reduzieren erheblich die Ausbreitung von Pilzen und Plagen.

Die charakteristischste Anbauweise von allen ist der Anbau in „hoyos", welcher hauptsächlich die Landschaft von La Geria bestimmt. Die „hoyos" wurden in verschiedenen Epochen seit den Vulkanausbrüchen angefertigt und einige enthalten hundertjährige Weinreben. Der Großteil wurde von Hand geschaffen, ohne mechanische Hilfe, was bedeutet, dass jede einzelne von den Landarbeitern der Insel von Hand gegraben wurde. Die Tiefe und der Durchmesser werden von der vorhandenen „picón"-Schicht und der Tiefe, in der sich die fruchtbare Erde befindet, bestimmt. Begleitet wird der „hoyo" normalerweise von einem Schutzmantel aus Vulkangestein, dem sogenannten „zoco". Diese Anbauweise erlaubt nur eine geringe Dichte im Anbau der Reben, wodurch die Produktion pro Hektar sehr gering ausfällt. Man nimmt an, dass bei einem Durchschnitt von 400 Pflanzen ungefähr 1500 Kilo Wein pro Hektar im Gebiet von La Geria produziert werden.

Der Anbau in „hoyos" kann sehr unregelmäßig sein, ein Symptom für alte Weinberge und ihre Entstehung durch Handarbeit, sowie aufgrund ihrer großen Tiefe. Man kann auch einen wesentlich regelmäßigeren Anbau in „hoyos" finden, in der Regel ein Zeichen für in der Gegenwart rehabilitierte Weinberge und die Verwendung von Maschinen und der resultierenden geringeren Tiefe des „rofe". Auf diese Weise erreicht man eine größere Pflanzdichte.

1. Anbau in „hoyo“

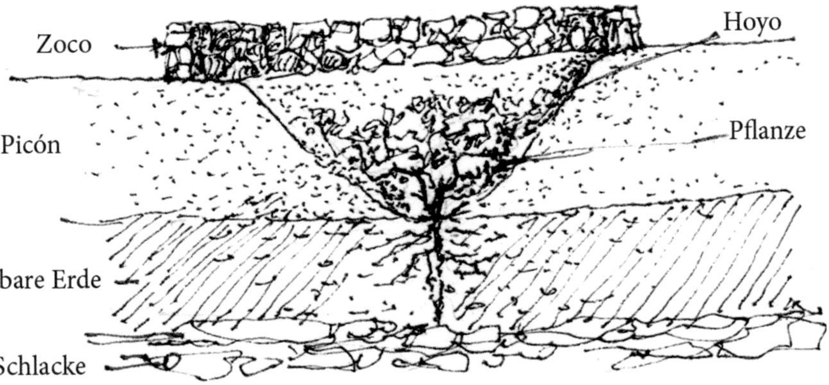

Schnittansicht eines „hoyo“. Diese „hoyos“ haben eine umgedrehte Kegelform, bei der die Weinrebe im Inneren liegt. Man kann die verschiedenen Schichten der Erde erkennen, die Schlacke, oder Reste von früheren Ausbrüchen, die fruchtbare Erde, in der die Weinrebe gepflanzt ist, den „picón“ oder „rofe“, der als Isolierschicht dient, und über der Oberfläche des „hoyos“ den „zoco“ aus Vulkangestein. Der „zoco“ ist halbkreisförmig und nach Nordosten orientiert um die Pflanze vor den vorherrschenden Passatwinden zu schützen. Die Tiefe des „hoyo“ wird von der Menge an „rofe“ in der Zone bestimmt, in einige Zonen von La Geria können sie bis zu drei Meter tief sein. Die Weinrebe wird in der fruchtbaren Erde gepflanzt und mit „rofe“ bedeckt, welcher als Isolierschicht dient und die Feuchtigkeit speichert.

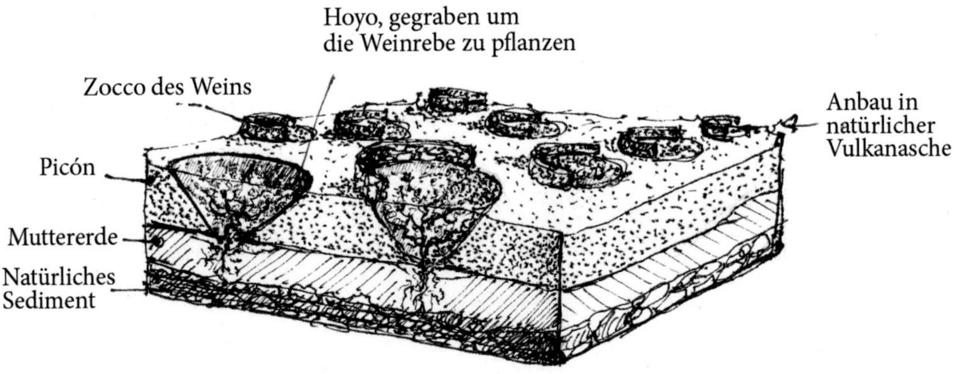

Schnittansicht eines Gebiets mit „hoyos“. Da die einzelnen „hoyos“ per Hand hergestellt wurden und um das Land bestmöglich zu nutzen, wurde die Verteilung der „hoyos“ unregelmäßig angelegt. Diese unregelmäßige Anordnung erschwert den Zugang und verhindert den Einsatz von Maschinen bei jedweder Arbeit.

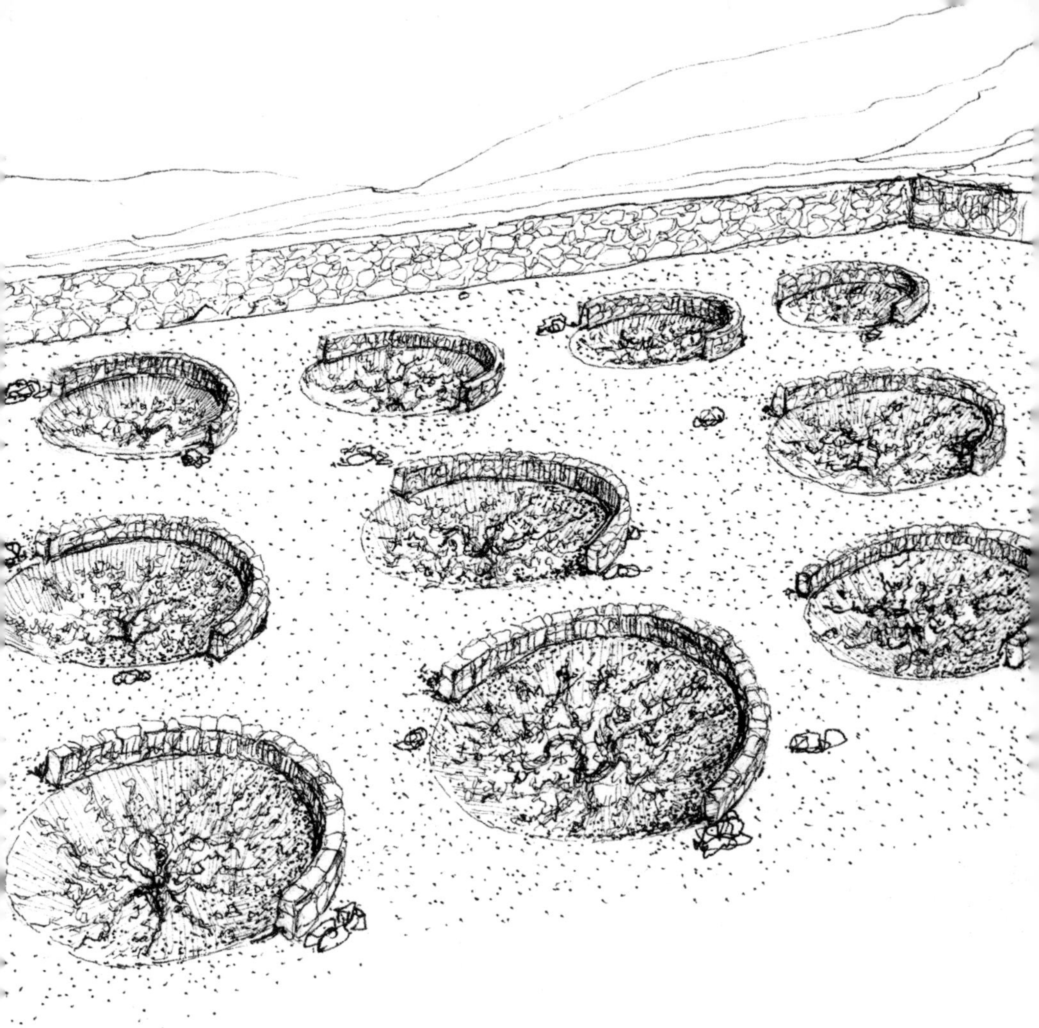

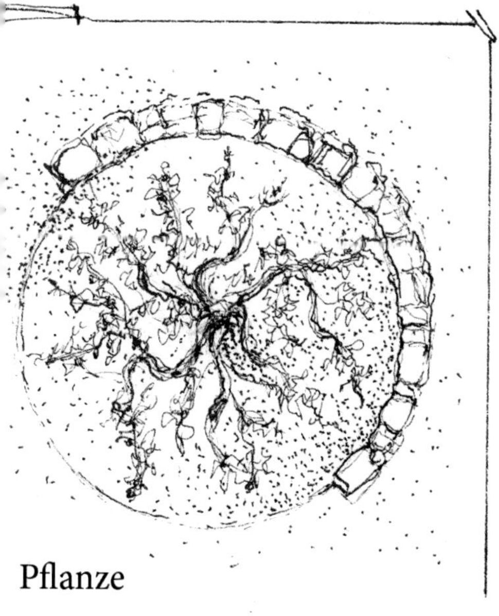

Pflanze

In windigeren Zonen ist die Vertiefung von größter Notwendigkeit. Außerdem ist es wichtig, Steine zur Verfügung zu haben, um Zweige, die sich sehr stark bewegen, zu fixieren, oder Zweige, die den Boden berühren, zu erheben.

Brenne La Geria!

Es kann vorkommen, dass wir während unseres Besuchs von La Geria weißen Rauch aus der schwarzen Landschaft aufsteigen sehen. Auch wenn es einige glauben, sind dies nicht die Reste der Vulkane von Lanzarote in Geiser-Form. Es handelt sich vielmehr um eine normale Arbeit der Weinbauer auf Lanzarote die darin besteht, natürliche Abfälle der Landarbeit, wie trockene Blätter oder Zweige, zu verbrennen. Aufgrund der Anordnung der „hoyos" und dem schwierigen Zugang zu den Gütern ist es nicht leicht, diese Materialien abzutransportieren, deshalb werden sie und die Zweige der Weinreben traditionell verbrannt. Die Arbeit des Beschnitts und das Einsammeln der trockenen Blätter werden normalerweise im Februar durchgeführt, bei abnehmendem Mond. Die hierbei anfallenden Reste werden, gemeinsam mit denen, die sich bei anderen Arbeiten, wie z.B. dem Beschnitt nach der Ernte, über das Jahr angesammelt haben, angehäuft und verbrannt.

In der Gegenwart werden einige Teile des Beschnitts für die Fabrikation von Kompost verwandt, der später in derselben Erde als Dünger verwendet wird. Wesentlich weiter verbreitet ist jedoch das Verbrennen der Zweige, welches beim Betrachter einen sehr merkwürdigen Eindruck hinterlässt.

Im Gegensatz zu anderen Formen des Weinanbaus versucht man auf Lanzarote, mit Hilfe des Beschnitts, dass die Pflanzen in geringer Höhe parallel zum Boden verlaufen, ungefähr 20 cm hoch. Auf diese Weise ist die Pflanze dank der Tiefe des „hoyo" und dem „zoco" aus Stein vor dem Wind geschützt.

2. Anbau in Gräben

Der Anbau in Gräben besteht darin, die Weinreben in geraden Linien zu pflanzen, mit einem „zoco" aus Stein als Windschutz. Diese nicht sehr verbreitete Form des Anbaus erlaubt die Mechanisierung der Landarbeit. Die Dicke des „rofe" ist geringer als in „hoyos", man erreicht eine höhere Pflanzdichte und dadurch eine höhere Produktion, die bis zu 3000 Kilo pro Hektar erreichen kann. Man kann Landgüter mit mehreren parallelen Gräben finden, die die ganze Oberfläche bedecken, allerdings findet ein Großteil des Anbaus in Gräben auf Lanzarote an den Rändern der Landgüter statt, während die zentralen Grundstücke für den Anbau anderer Produkte verwendet werden. Dies können Getreide, Knollenfrüchte oder verschiedene Gemüsesorten sein.

Der Anbau in Gräben ist vermehrt in den Gebieten von Masdache, Tinajo, und Zonen mit geringer „rofe"-Schicht oder künstlichen „enarenados" zu finden. Meist sind es Landgüter neueren Ursprungs welche Dank der höheren Pflanzdichte eine bessere Produktion aufweisen. Im Gebiet von La Geria ist sie kaum verbreitet.

„Zoco", oder Mantel aus Vulkangestein

Anbau in Reihen
Die Weinreben sind in geordneter Form angereiht. Der Raum zwischen den Reihen erlaubt die Nutzung eines kleinen Traktors zur Ernte der Trauben und für die Instandhaltung des Weinstocks.

3. Anbau in „chaboco“

Diese Form des Anbaus wird für Weinreben oder Obstbäume verwandt, insbesondere für Arten die eine größere Menge an Wasser benötigen, wie die Moscatel Traube. Sie besteht darin, Lücken in der vulkanischen Lava auszunutzen und dort direkt in der fruchtbaren Erde zu pflanzen. Die Lava wirkt dabei wie ein Trichter, welcher das Wasser in Richtung der Pflanzen leitet. Diese Lücken, oder „chabocos“, sind in der Regel natürlichen Ursprungs, wie zum Beispiel durch Vulkanblasen oder auch in Spalten am Rande der Lava. Es gibt auch künstlich geschaffene, die in den Fels gehauen oder sogar mit Dynamit gesprengt wurden.

Der Standort dieser „chabocos“ ist schwierig zu erreichen, aber wir können ein Beispiel im Landgut der Bodega El Grifo und ihrem Weinmuseum finden.

4. Anbau in Spalieren

Diese Form des Anbaus, auch in anderen Breiten verwandt, besteht darin, die neuen Zweige und alten Früchte vom Boden zu trennen. Dies wird mittels einer aufrechten Konstruktion erreicht, meist aus Holz, und die Höhe dieser Weinreben kann zwischen einem und drei Meter variieren. Spaliere werden meist auf Terrassen oder in Vulkanspalten errichtet, und die am meisten verwendeten Arten sind die Moscatel Trauben, da diese sehr sensibel gegenüber Krankheiten wie der Botrytis (Fäulnis) sind. Auf diese Art wird die Weinrebe vom Boden getrennt und die Zweige bleiben stets gut belüftet.

5. Anbau in Terrassen

Eine weitere Art, wenn auch nicht sehr verbreitet, aber speziell im Norden der Insel vorhanden, ist der Anbau in Terrassen, hierbei werden die Berghänge ausgenutzt.

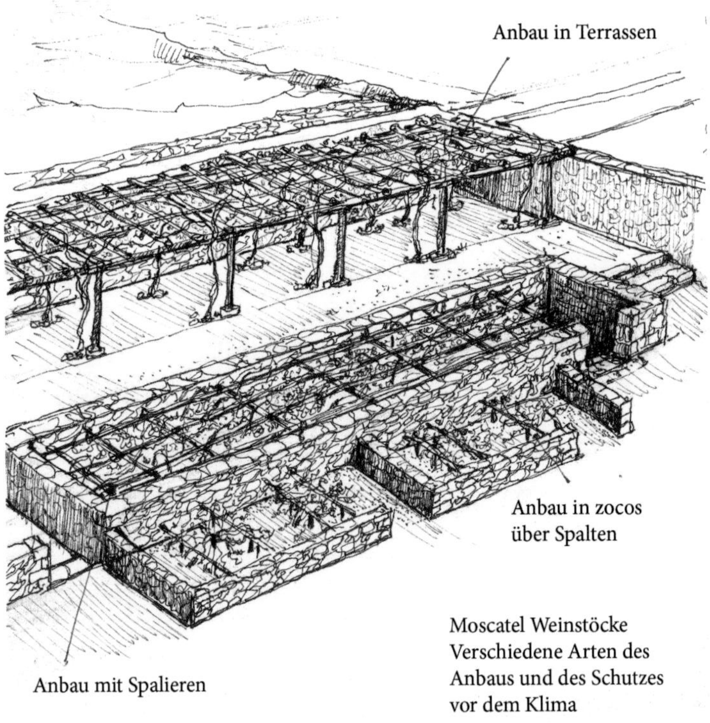

Moscatel Weinstöcke
Verschiedene Arten des Anbaus und des Schutzes vor dem Klima

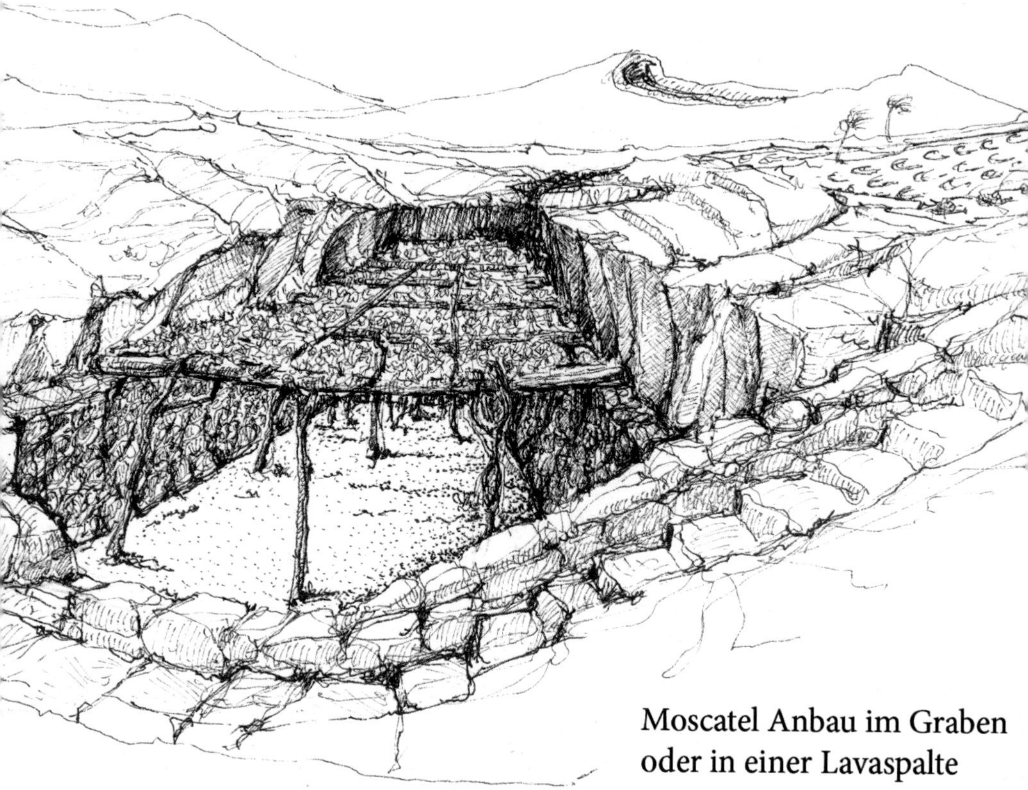

Moscatel Anbau im Graben
oder in einer Lavaspalte

Die Ernte

Die Ernte auf Lanzarote ist die erste in Europa und sie findet zwischen Mitte Juli bis in den Oktober hinein statt. Es ist eine der wichtigsten Arbeiten, denn es werden nicht nur die Früchte des Weins geerntet, sondern die Früchte der Anstrengungen eines ganzen Jahres. Es ist eine Arbeit, die unter extremer Vorsicht ausgeführt wird, damit die Trauben in den besten Bedingungen die Bodegas erreichen. Der Weinbauer wartet, bis die Trauben den optimalen Reifungsgrad erreichen, um so einen Wein von bester Qualität zu erlangen. Aus diesem Grund dauert die Erntephase sehr lange, denn der ideale Reifegrad ist von Weinsorte zu Weinsorte unterschiedlich.

Die Ernte an sich ist ein wichtiges soziales Ereignis in der Dynamik der Insel, in erster Linie aufgrund der enormen Anzahl an kleinen Weinbauern, von denen viele ihren eigenen Hauswein produzieren.

Das Erntefest wird am 15. August gemeinsam mit dem Fest La Caridad gefeiert, und die Feier findet in den Einrichtungen der Bodega La Geria sowie in anderen Bodegas, die sich in der Nähe der Kirche befinden, statt. Während der Feierlichkeiten wird eine traditionelle Weinernte nachgestellt, mit dem Einsammeln der Trauben mit Dromedaren sowie dem Pressen derselben in traditionellen Weinpressen.

Die Trauben, die in die Bodegas gelangen, stammen aus eigenem Anbau oder von assoziierten Weinbauern, die für den Verkauf durchschnittlich 1,50 Euro pro Kilo erhalten. Für andere Regionen eine hohe Summe, auf Lanzarote jedoch aufgrund der Anbaubedingungen der Versuch, die geringe Pflanzdichte und Produktion zu kompensieren.

Die Rahmenbedingungen des Weinanbaus in La Geria sind in anderen Teilen der Welt unvorstellbar, die Dichte der Weinreben pro Hektar liegt zwischen 400 und 500 Pflanzen, mit einer kaum zu glaubenden Durchschnitts-Produktion von 1500 kg./ha.

Ein weiterer bedeutender Faktor bei der Ernte und der Produktion ist die kaum vorhandene Stabilität, die durch die klimatischen Bedingungen die Produktion stark beeinflusst. Fehlender Niederschlag (ein Großteil der Weinberge verfügt nicht über Bewässerungssysteme), die Hitzewellen, Plagen sowie die vegetativen Zyklen sind eine ständige Bedrohung der letztendlichen Produktionsmenge.

In einem Vergleich der Weinproduktion auf Lanzarote zwischen 1776 und der Gegenwart fällt auf, dass im 18. Jahrhundert mehr Wein produziert wurde: über 3.000.000 Kilo Trauben im Gegensatz zu durchschnittlich 2.000.000 Kilo heutzutage. In den Statistiken des „Consejo Regulador de Denominación de Origen Vinos de Lanzarote“ sticht insbesondere eine Zahl hervor: der Anstieg der Anzahl an Bodegas die im Consejo Regulador eingeschrieben sind. Demnach verteilt sich dieselbe Erntemenge auf eine größere Anzahl an Bodegas.

Der Weinkonsum steigt stetig an und seit 2010 sind einige Bodegas ohne Überschuss, über 1.930.869 Flaschen wurden verkauft, deutlich mehr als der Durchschnitt von 1.630.000 Flaschen. Initiativen, wie der von der Inselregierung ins Leben gerufene Plan zur Dynamisierung der Önogastronomie, Projekte, wie Saborea Lanzarote, die Ergebnisse der Weinpromotion auf der Insel und außerhalb, oder die definitive Bewilligung des Spezialplans für La Geria haben dazu beigetragen, die 2009 festgestellte absteigende Tendenz im Weinkonsum mit D.O. Lanzarote umzukehren. Zu diesen Initiativen muss auch die Anstrengung der Weinbauer und Bodega-Besitzer gezählt werden, die Qualität der Weine aus Lanzarote zu verbessern, wie hunderte von Preisen für verschiedene, zum Consejo Regulador gehörende Bodegas, aus regionalen, nationalen und internationalen Wettbewerben in den letzten Jahren bezeugen. Obwohl sich die Qualität der Weine und der Konsum verbessert haben, leidet die Landschaft von La Geria unter einer progressiven Verwahrlosung von Landgütern.

Ernte von Moscatel-Wein, angepflanzt in Spalieren und „chabocos". Fotographie von Leandro Viera, Gewinner des III. Fotowettbewerbs der Bodega Los Bermejos.

7. DIE VERSCHIEDENEN WEINARTEN

von Alberto González

Auf Lanzarote gibt es eine große Anzahl an Weinsorten, und auch wenn es vom Consejo Regulador de Denominación de Origen keine starken Einschränkungen in Bezug auf die Sorten gibt, überwiegen doch die Trauben Malvasia Volcánica (auch Malvasia aus Lanzarote), Listán blanca, Listán negra, Moscatel de Alejandría und Diego oder Vijariego. Es gibt andere Arten, die ebenfalls angebaut werden, wie Burra-blanca, Tinta Conejera, Breval, und in letzter Zeit sind speziell ausländische Arten wie Merlot, Syrah, Tintilla, Baboso Negro, Cavernet Sauvignon, Negramoll, etc. aufgetaucht. Die mit Abstand wichtigste Weinart auf Lanzarote ist der vulkanische Malvasia, vom Weinverband als eigenständige Art anerkannt. Der Großteil der Produktion dieser Traube findet auf Lanzarote statt und es wird angenommen, dass auf der Insel verschiedene Klone der Art existieren. Diese Weinart kann, aufgrund der isolierten Lage und der geringen Mischung mit anderen Traubenarten, durchaus als älteste Malvasia der Welt bezeichnet werden. Sie stammt aus Kleinasien und Griechenland und ist seit über 2000 Jahren bekannt. Sie kam vom Mittelmeerraum auf die Kanaren, zuerst nach Teneriffa und La Palma. Auf Lanzarote war sie bis zum Beginn des 19. Jahrhunderts nicht verbreitet.

Auf den Kanaren existieren zwei Arten von Malvasia: vulkanische Malvasia oder Malvasia aus Lanzarote, und die aromatische Malvasia oder Malvasia aus La Palma. Letztere ist auf der Insel La Palma und in einigen Gebieten von Teneriffa zu finden. Aus geografischer Sicht können wir feststellen, dass alle Weinsorten in allen Gebieten der Insel gefunden werden können, aber tatsächlich existieren Gebiete mit einem großen Anteil an spezifischen Weinsorten. So wird zum Beispiel im Gebiet von Tinajo zum Großteil vulkanische Malvasia und nur in geringem Umfang Listán Negra und Moscatel angebaut. In Conil und Masdache finden wir fast das gesamte Vorkommen an Diego der Insel, insbesondere im als Juan Bello bekannten Gebiet von Masdache. In diesem Gebiet finden wir auch vulkanische Malvasia und Listán Blanco. In La Geria bauen die meisten Weinberge Listán Blanco an und in geringerem Maße vulkanische Malvasia und Listán Negro. Und im Gebiet von Ye-Lajares finden wir schließlich in erster Linie Listán Negro und gleich verteilt Diego, vulkanische Malvasia und Moscatel.

Einige Gebiete der Insel sind ideal für eine bestimmte Weinart. Es kann festgestellt werden, dass stets ein besserer Ertrag und eine größere Anpassung beobachtet werden können. Die Diego Traube hat sich gut an das Gebiet Juan Bello in Masdache angepasst, einer der Gründe dafür kann das Bedürfnis nach kontinuierlichen Meeresströmungen sein. Die vulkanische Malvasia bringt gute Erträge in Tinajo, weil die Erde dort fruchtbar und feucht ist. In derselben Zone hat sich auch die Listán Negro Traube sehr gut angepasst, ebenso wie in Ye und Lajares. Die Moscatel Trauben haben sich gut auf der gesamten Insel angepasst.

Vulkanische Malvasia

Es existieren zwei unterschiedliche Klone der Traube vulkanische Malvasia, aus diesem Grund können einige ihrer Charakteristika leicht variieren. Die Traube kann rund oder oval sein, je nach Klon, und ist an den Zweigen, die mehr der Sonne ausgesetzt sind, gefleckt. Die Trauben, dieser direkt der Sonne ausgesetzten Zweige, sind die charakteristischsten und schmackhaftesten. Das Gewicht der Traube variiert von einem halben Kilo bis zu zwei Kilo. Es ist eine aromatische Art mit einem Einschlag von Moscatel, die Ernte findet früh statt, in der Regel in den ersten Tagen des Augusts. Sie reagieren sehr sensibel auf Krankheiten wie dem echten Mehltau (Oídio).

Die Pflanze ist sehr kräftig, mit offenen Blättern, von blass-grüner Farbe, die sich je nach vegetativem Zyklus ins Gelbe verfärbt. Die Pflanze ist an die Insel angepasst, resistent gegen Dürre, Wind und vor allem, gegen die konstante Sonne.

Ihr Wein ist ausgeglichen mit einem hohen Säuregehalt. Bei den Aromen stechen die tropischen Früchte, Zitrus-Aromen sowie aromatische Kräuter hervor.

Auf Lanzarote findet man die Malvasia auf der gesamten Insel, im Gebiet von Tinajo ist sie die dominante Art.

Listán blanca (weiß) und negra (schwarz)

Die Pflanzen sind nicht sehr kräftig, ihre Blätter sind hellgrün und palmenförmig (halboffen). Auch wenn sie sehr resistent gegen Krankheiten wie den echten Mehltau (Oidio) und den falschen Mehltau sind, insbesondere die schwarze Variante, zeigen sie dagegen eine große Sensibilität gegen Attacken der Cochenilleschildlaus.

Für den Listán sind viele Sonnenstunden nicht förderlich. Er verliert Frische, Säure, und in einigen Fällen bei großer Hitze, können insbesondere die roten Trauben sogar ihre Farbe verlieren. Ihre Zweige und Trauben sind von mittlerer Größe, weiße und rote Trauben haben dieselben Charakteristika. Die Ernte findet Mitte August statt.

Ihre Weine sind sehr likörartig, ihnen fehlt Frische und sie sind nicht sehr aromatisch, sie sind ärmlich im Geschmack, insbesondere die Weißweine. Die Rotweine verfügen über mehr Aroma, insbesondere von roten Früchten wie Maulbeeren oder trockenen Feigen. Es sind Weine von geringer bis mittlerer Qualität, nicht geeignet für die Fasslagerung.

Auf Lanzarote können wird Listán blanco und negro auf der gesamten Insel finden, jedoch hauptsächlich in La Geria, wo sie die vorherrschende Sorte der Weißweine ist. In der nördlichen Zone von Ye-Lajares dominiert die rote Variante.

Muscat d'Alexandrie

Die auf Lanzarote vorhandene Muscatelart ist der Muscat d'Alexandrie. Ihre Trauben sind oval, groß, mit langem Fruchtkörper, sehr aromatisch und mit einem Hauch von Muscatel. Je nach Jahr können die Trauben locker oder sehr kompakt sein, letztere sind dabei von höherer Qualität. Es ist eine späte Traube, sie erlangt Anfang September ihre Reife.

Ihre Blätter sind groß, mit ausgezahnten Rändern und von intensiver grüner Farbe. Die Pflanze ist sehr kräftig, insbesondere in feuchten Jahren, und überaus produktiv.

Die Reben können während des Wachstums rötliche Töne aufweisen. Sie werden individuell gepflanzt, in „chaboco" oder niedrigen Spalieren und sie benötigen viel Feuchtigkeit. Sie sind sehr sensible gegenüber Fäulnis (Botrytis).

Ihre Weine sind in der Regel süß und werden aus überreifen Trauben hergestellt. Sie weisen Aromanoten von Gebäck, weißen Blüten und Trockenfrüchten auf.

Auf Lanzarote können wir sie in allen Gebieten der Insel finden.

Diego

Die Sorte Diego ist vielleicht diejenige, mit der geringsten Anzahl an Pflanzen, und in Gefahr, von der Insel zu verschwinden. In den letzten Jahren ist ihr Anbau sehr zurück gegangen. Auf Lanzarote finden wir so gut wie den gesamten Anbau in der Zone von Masdache, bekannt unter dem Namen Juan Bello.

Ihre Blätter sind von intensivem Grün, ihre Reben haben einen rötlichen Ton der sie von anderen unterscheidet. Die Trauben sind groß und verfügen über voluminöse Früchte, in einigen Jahren wurden bis zu vier Zentimeter Durchmesser erreicht. Die Pflanze ist sehr resistent gegen Krankheiten und ist von mittlerer Stärke. Ihre Ernte ist die letzte der Insel, sie findet Ende September oder Anfang Oktober statt.

Es ist keine sehr aromatische Traube, fügt den Weinen jedoch eine große Vielschichtigkeit hinzu. Da sie auf Lanzarote die Sorte mit dem größten Säuregehalt ist, liefert sie den Weinen ideale Eigenschaften für das Altern. Der Diego Wein, ohne Variationen, ist angenehm im Geschmack mit Spuren von Apfel, sein bestes Resultat liefert er jedoch in der Mischung mit anderen Weinsorten.

8. SOZIALE UND KULTURELLE WERTE

Wasser und Gesellschaft

Die Geschichte Lanzarotes bis vor einigen Jahrzehnten kann als der chronische Kampf gegen den Mangel an Wasser zusammengefasst werden. Der Essayist und Dichter Agustín Espinosa würde Lanzarote als „ein Insel-gewordenes Stück Afrika" definieren. In der Tat sprechen wir von einer Insel, auf der die schwerwiegenden hydrografischen Beschränkungen die Bevölkerung dazu zwang, viele unterschiedliche Strategien zu entwickeln, um ihr Überleben zu garantieren.

Es gibt keinen auf die Entwicklung Lanzarotes dominanteren Faktor als das Wasser. Es gibt viele Zeugen für dessen Mangel und die dramatischen Konsequenzen, sei es in Emigration, Armut oder Situationen des sozialen Notstandes. Im 19. Jahrhundert wunderte sich der französische Reisende René Verneau darüber, dass „wenn es regnet, mit wie viel Sorgfalt das Wasser eingesammelt wird" und er fügt hinzu, „wenn man in einem Land wie diesem geboren wurde, weiß man das Wasser in seinem wahren Wert zu schätzen." Der kanarische Historiker José Viera y Clavijo formulierte noch deutlicher: "Sie sprechen nicht von Gold und nicht von Silber, nicht von Schmuck oder den anderen Luxusgütern abhängig von den Launen oder dem Verlust des Verstandes, sondern davon, dass es pünktlich regnet, von der Saat und üppigen Weiden".

Es existiert eine lange soziale und technologische Tradition in Bezug auf die Art der Konservierung und der maximalen Ausnutzung der kargen Niederschläge die Lanzarote jährlich erhält: „maretas", „aljibes", Galerien, Brunnen und andere traditionelle Methoden, die auch auf kleiner Skala ebenso effektiv wie leidvoll und aufopferungsvoll für denjenigen, der sie nutzte, waren. Fast alle Regeln des Lebens waren in bestimmtem Maße vom Mangel an Wasser gezeichnet: die Wirtschaft, die Lokalpolitik, die Beziehung zur Landschaft, die Architektur, die Machtstrukturen…, und so weiter bis hin zur häuslichen Situation der einzelnen Familien. Die Landwirtschaft zum Beispiel musste so originelle und arbeitsaufwändige Formeln entwickeln wie den Gebrauch der Vulkanasche, und auf dem Gebiet der populären Ingenieurskunst sorgte der Mangel an Wasser für die Entwicklung von einer Vielzahl an Systemen zum Auffangen und Lagern. Die kargen Niederschläge wiederholten sich im 20. Jahrhundert und führten zu neuen Anstrengungen den Erhalt sowie die sichere und stabile Versorgung der Bevölkerung mit Wasser zu sichern. So wurden große Wasserlager konstruiert und, Mitte des Jahrhunderts, unterirdische Galerien im Risco de Famara geöffnet.

Der Beginn der Lösung kam mit der Errichtung der ersten Meerwasserentsalzungsanlage Europas für den urbanen Gebrauch im Jahr 1965, angeregt von den Brüdern Díaz

Illustration von Santiago Alemán

Chronik des Durstes

Selbst in den sechziger Jahren des 20. Jahrhunderts kann man dramatische Texte über die Lebensangst finden, die das Fehlen von Wasser auslöste, so wie den folgenden des Journalisten Guillermo Topham aus Lanzarote:

"[...] Die Trockenheit auf Lanzarote ist eigenartig, anders und einzigartig, eine unmenschliche und zerreißende Trockenheit, die manchmal selbst nicht ausreicht, um den Durst der Kehlen zu stillen.

Die Situation, ausgelöst durch den Mangel an Niederschlag, ließ die Menschen auf Lanzarote intensive dramatische und bittere Stunden erleben. Kinder, die um eine Flasche mit Wasser betteln, gruppierten sich um die Wassertankwagen. Frauen auf dem Land kochten ihre Eintöpfe mit bereits von Gefährtinnen benutzter Flüssigkeit. Hausfrauen, ebenfalls Landarbeiterinnen, machten sich von ihrem jeweiligen Dorf auf den Weg zu entfernten Stränden, manchmal bis zu sieben Kilometer, um im Meer ihre bescheidene Wäsche zu waschen. Männer, alt und gegerbt, kreuzen Kilometer um Kilometer der Inselgeografie, um einen kleinen Wasservorrat anzulegen, in kleinen Fässern, die von Eseln oder Dromedaren transportiert werden, um die dringlichsten menschlichen Bedürfnisse zu befriedigen. Ernten und Tiere waren durch die Angst vor dem Durst vom Tod gezeichnet."

Rijo. Trotz der anfänglichen Probleme war die Meerwasserentsalzungsanlage ein entscheidender Schritt für den Wechsel, welcher die große Entwicklung ermöglichte, die Lanzarote in den folgenden Jahrzehnten erlebte.

Landarbeiter, die Helden von La Geria und Lanzarote

Eine der klarsten Beispiele wie der Mangel an Wasser das Leben auf Lanzarote bestimmt hat, ist die traditionelle Landarbeit, ihre klarste und sichtbarste Repräsentation das Gebiet von La Geria. In dieser Landschaft haben sich Produktivität und Ästhetik mit hundertjährigen Gebräuchen vereint. Der Weinbauer, motiviert von der sozialen Bedeutung, eigenen Wein im Haus zu haben um Eingeladene gut zu bewirten, und für dessen Qualität anerkannt zu werden, hat aufwändige Arbeiten zur Erhaltung einer sehr delikaten Landschaft unternommen, und gleichzeitig die Art seinen Wein herzustellen erneuert.

Um das Landgut zu präparieren trug der Landarbeiter traditionell auf die fruchtbarste Erde eine dicke Schicht von „picón" auf, die in einigen Fällen bis zu mehrere Meter tief war. Oder er grub ein „hoyo" in den „picón", bis das er auf fruchtbare Erde stieß, in der der Wein gepflanzt werden konnte. Das ist, als würde man in einem immensen Mantel aus schwarzer Vulkanerde graben, die wehrlos scheint, um die Weinreben zu schützen. Diese wächst im Inneren dieses „hoyo", durch einige Steine am Rande des „zoco" ebenfalls vor dem konstanten Wind geschützt. Diese Arbeit, fast die eines Gärtners, wurde über fast drei Jahrhunderte nur mit den Händen der Landarbeiter und dem Einsatz von Dromedaren durchgeführt. Der „rofe" rollt bei der kleinsten Bewegung nach unten, dies zwingt den Landarbeiter dazu, ihn bei der Erschaffung des „hoyo" ständig wieder Richtung oberen Rand desselben zu werfen. Eine titanische Arbeit für verarmte Landbauer, die in der Mehrzahl nicht Besitzer der Ländereien waren, die sie bearbeiteten. Sie sahen sich gezwungen viele Stunden am Tag zu arbeiten in der einzigen Hoffnung, dass das Land, das sie bearbeiteten, mit ein bisschen Glück der konstanten Dürre trotzte. Für viele gab es allerdings auch keine Alternative: entweder man arbeitete von Sonnenaufgang bis Sonnenuntergang, um den Mangel an Wasser auszugleichen, oder man freundete sich mit dem Gedanken an Emigration an.
Der Wein auf Lanzarote hat eine wichtige soziale Komponente und ein Großteil der

Produktion der Trauben wird zur Herstellung von Hausweinen genutzt. Laut Daten des Consejo Regulador gibt es mehr als 1700 Personen, die sich dem Weinanbau widmen. Obwohl der wirtschaftliche Gewinn gering ist, hat diese landwirtschaftliche Aktivität eine sehr wichtige Bedeutung hinsichtlich des Respekts für die Erde und den Erhalt der Landschaft. Die Herstellung von Hausweinen macht ungefähr 30% der gesamten Produktion aus und ist seit Jahrhunderten Teil des familiären Lebens auf Lanzarote. Die Bodega war (und ist) der Ort der Zusammenkunft, des Gesprächs, des Kartenspiels, von gastronomischen Verköstigungen und Weinproben.

Die Arbeiten der Erhaltung, die oft in den Bodegas und von Gruppen von Familienangehörigen oder Freunden durchgeführt werden, können nach Jahreszeiten unterteilt werden:

Winter

Im Januar beginnt der Beschnitt, auch wenn es Tradition ist, dies im Februar bei abnehmendem Mond zu tun. Auf diese Weise wird die Weinrebe vorbereitet neue Blätter zu entwickeln. Wenn diese Arbeit nicht ausgeführt wird, wird die Weinrebe „balsera" genannt, sie wird in diesem Jahr Trauben geben, aber in den folgenden nicht. Gemeinsam mit dem Beschnitt werden auch die Blätter eingesammelt, die dann in der Nähe der Weinrebe eingegraben und mit „rofe" bedeckt werden, um so als Dünger zu dienen. Im März, mit den ersten Keimen, werden die Pflanzen mit Schwefel behandelt um Plagen vorzubeugen.

Frühling

Während des Monats April werden die unproduktiven Zweige der Rebe entfernt. Im Mai werden die Spitzen der Reben beschnitten, was die Sauerstoffaufnahme der Rebe verbessert und gleichzeitig verhindert, dass die Zweige die Wände des „hoyos" durch die Bewegung im Wind auseinandertreiben.

Sommer

Ab Juni bereiten sich die Bodegas darauf vor, die Trauben zu empfangen, die in den Monaten August und September geerntet werden. Die Bodegas säubern ihre Fässer aus Eiche oder Kastanie, oder moderner, aus Stahl, für die Ankunft des Mosts. Bei der Ernte sowie sämtlichen Arbeiten auf dem Landgut, werden stets nur Trampelpfade genutzt, die nur einen einzigen Zugang zum „hoyo" bieten, was diese Arbeiten sehr hart und nur per Hand durchführbar macht. Trotzdem ist die Ernte, trotz der harten Arbeit, ein Fest bei dem Freunde und Familien zusammenkommen. Manchmal treffen sich drei Generationen derselben Familie bei der Ernte und helfen sich gegenseitig bei der Landarbeit.

Herbst

Nach der Ernte konzentrieren sich die Arbeiten auf die Produktion der traditionellen Weißweine, süßen Weine, Rotweine und Rosés. Dieser Wein ist in der Regel im Monat November trinkfertig, obwohl es auch üblich ist sogenannten „aguapata" herzustellen, einen Wein von geringem Alkoholgehalt (8°), der schon nach 15 Tagen fertig ist. Während der Herbstmonate werden Arbeiten zur Instandhaltung der Landgüter unternommen, in erster Linie die Pflege der „hoyos", die Reparatur von „zocos" oder die Düngung.

Bild einer Gruppe von Weinbauern während einer Pause in La Geria bei der sie lokale Produkte wie Käse, Kuchen, Trockenfisch und Wein zu sich nehmen.

César MANRIQUE, Recogida, 1990
Collage/Karton 69x50cm

Werk von César Manrique aus dem Jahr 1990 auf dem man eine Frau sieht, die in der Zone von La Geria Obst erntet, unter anderem Weintrauben. Manrique fand im Landarbeiter von Lanzarote eine Inspirationsquelle, die er auf viele seiner Werke übertrug. Die Beziehung zwischen dem Landarbeiter und der Natur kann in Wandbildern, Illustrationen, Skulpturen und architektonischen Werke des Künstlers geschätzt werden.

Die Frau

Die Rolle der Frau in einer ländlichen Gesellschaft, arm und isoliert wie die historische Gesellschaft auf Lanzarote, war extrem schwierig. Die chauvinistischen Gewohnheiten entfernten sie von den Bildungs-Möglichkeiten (sie waren stets Schlusslicht in den Statistiken des Analphabetismus) und ihre soziale Rolle war sehr reduziert. Zusätzlich war ihre öffentliche Präsenz und Erscheinung sehr limitiert, und in vielen Fällen unterlagen sie Vorurteilen, wie es der Autor aus Teneriffa Rafael Arozarena meisterhaft in "Mararía" beschreibt. Dieser berühmte Roman, dessen Verfilmung mit seinen Bildern von Lanzarote den Goya-Preis für Kameraführung gewann, erzählt die Geschichte einer schönen Frau in einem Landdorf der Insel, welche aufgrund von enttäuschter Liebe und sozialen Rückschritten ein grausames Schicksal erleidet. Die Schauspielerin, die die junge Mararía darstellte, war Goya Toledo, gebürtig auf Lanzarote.

Verantwortlich für so gut wie alle Haushaltsaufgaben sowie für die Erziehung der Kinder, mussten die Frauen zusätzlich auch zum wirtschaftlichen Unterhalt der Familie beitragen. Ein beispielhafter Fall ist der der Frauen von La Graciosa, die unter anderem damit beauftragt waren, den Fisch in den nördlichen Dörfern der Insel zu verkaufen. Die dafür notwendigen langen Wege legten sie mit Körben auf dem Kopf, gefüllt mit Kilos von Fisch, zurück. Unter anderem mussten sie dabei die Hänge des Riscos de Famara erklimmen.

Auf dem Land, wie im Gebiet von La Geria, war die Rolle der lanzarotenischen Frau ebenfalls entscheidend. Sie war für viele unterschiedliche Aufgaben verantwortlich, nicht nur mit dem Pflanzen oder der Ernte, sondern auch mit der Instandhaltung der Felder, dem Haushalt, der Küche oder der familiären Erziehung, in Tagen die länger dauerten als die Zeit zwischen Sonnenaufgang und Sonnenuntergang. Die Bodegas, und die Arbeit die in ihnen verrichtet wurden, waren dagegen traditionell Territorium der Männer.

EUROPÄISCHER LANDSCHAFTSPREIS

Im Jahr 2013 trat La Geria als einziger spanischer Kandidat für den Europäischen Landschaftspreis an und kam bis ins Finale. Dieser Preis, der vom Europarat vergeben wird, soll die Regionen belohnen die sich dafür eingesetzt haben, eine exemplarische Landschaft zu kreieren, wobei unter Landschaft die nachhaltige Kombination aus Natur und menschlicher Intervention verstanden wird.

Ebenfalls im Jahr 2013 wurde La Geria mit dem internationalen Preis CICOP in der Kategorie Kulturlandschaft der Kanaren ausgezeichnet, da der Erhalt der gemeinsamen Arbeit von Personen und Natur repräsentiert wird und als Beispiel für die Kulturlandschaft einer Insel mit einem außergewöhnlichen Kulturerbe.

Frauen bei der Maisernte im Gebiet „El Peñón". Fotografie aus den 50er Jahren, bereitgestellt von Antonio Lorenzo.

Architektur und Handwerkskunst

Der Weinanbau auf Lanzarote liefert nicht nur viele Informationen über die Gesellschaft und die Geschichte der Insel, sondern auch über Basiselemente der Inselkultur, insbesondere in Bezug auf die Landwirtschaft, die historische Basis der Inselwirtschaft. Die Handwerkskunst ist ein essentielles Stück Kulturerbe, sehr verbunden mit der Kultur des Weinanbaus und der Landarbeit auf Lanzarote. Eine Vielzahl von Elementen der Korbflechterei, der Schreinerei, der Haushaltsmöbel oder Steinarbeiten stehen in Verbindung zum ländlichen Umfeld der Insel. Viele dieser Traditionen entstanden und teilten das familiäre Leben, wie die Textilkunst oder die Erschaffung von Ackergeräten, und sie wurden von Generation zu Generation weiter gegeben. Die Komponente der häuslichen Erziehung spiegelt sich auch im reichen Erbe der Geschichtenerzählung und der Folkloremusik wieder, die im ländlichen Umfeld als Art der Weitergabe von Wissen in Form von Romanzen, Liedern, Märchen etc. praktiziert wurde.

Die traditionelle Architektur Lanzarotes hat ebenfalls enge Bezüge zur Landwirtschaft. Für ihre Schönheit und die funktionale Qualität anerkannt, bieten die Häuser und Gebäude der populären Architektur eine einfache Struktur, die jedoch mit klaren, harmonischen und einfachen Volumen sehr an die Umgebung angepasst ist. Es sind bescheidene Häuser in Gestalt und Dekoration, wie könnte es auch anders sein, wenn man sich das bescheidene Leben der Landarbeiter vorstellt, die sie errichtet haben.

In La Geria findet man jedoch auch herausragende Beispiele für Herrenhäuser, immerhin war dies eine der wichtigsten Zonen mit Landwirtschaftsgütern der Insel. In diesen Häusern kann man höher entwickelte Elemente bewundern, insbesondere in der Verwendung von Holz, einem Luxusartikel für eine trockene Insel wie Lanzarote, überaus wichtiges Material in den Bodegas und in der Kunst der Böttcherei. In den Bodegas Rubicón existieren Beispiele für die traditionelle Architektur in Zusammenhang mit dem Weinanbau, bei der Renovierung wurden bedeutende architektonische Elemente wie das antike Haus, die Bodega und der „aljibe“ erhalten.

Der architektonische Verbund aus der Kirche La Caridad (links) und der Bodega Rubicón (rechts).

Das Weinmuseum der Bodegas El Grifo beherbergt eine antike Kelterei und eine traditionelle Presse aus dem Jahr 1775. Außerdem sind die Räumlichkeiten des Hauses konserviert und es gibt den Nachbau einer Fass-Werkstatt.

Unter dem architektonischen Kulturerbe in La Geria ragt die Kirche La Caridad heraus, zum einen aufgrund ihrer Wichtigkeit und zum anderen, da sie vor den Vulkanausbrüchen von 1730 entstand, die die aktuelle Landschaft erschufen. Ihre Erbauung datiert aus dem Jahr 1706 zurück, auf Ersuchen des ehemaligen Vikars der Insel, dem Begünstigten Don Diego Laguna Ayala. Das Gebiet von La Geria gehörte Großgrundbesitzern und war für seine große Fruchtbarkeit bekannt.

Zu Beginn der Vulkanausbrüche 1730, wurde der Cortijo La Geria, bestehend aus der Kirche und dem Haus, in dem sich die Bodega Rubicón befindet, von den vulkanischen Auswürfen betroffen und im Mai 1731 wurde er von Pyroklasten begraben. Bevor die Vulkanausbrüche endeten, im Jahr 1734, wurden die Gebäude ausgegraben. Mit dem Wechsel des Landwirtschaftsmodels und dem Aufschwung des Weins gewann die Kirche an Bedeutung aufgrund der zunehmenden Anzahl an Arbeitern und Bewohnern des Gebiets.

Archäologie

La Geria besitzt auch ein sehr interessantes archäologisches Kulturerbe, unabhängig von allem was während der historischen Vulkanausbrüche des 18. Jahrhunderts begraben wurde. Unter den herausragenden Elementen der Zone befinden sich der Taro de Testeina, die Wohnungsstrukturen des Montaña de Diama und die Felsenmalerei von Guardilama.

Das Taro de Testeina ist eine runde Struktur mit gewölbtem Dach, höchstwahr-

Museumshaus des Landarbeiters

Praktisch im geografischen Zentrum der Insel gelegen ist das Museumshaus des Landarbeiters von unterschiedlichen Anbaugebieten umgeben und gleichzeitig der Eingang zur spektakulärsten Landwirtschaftszone der Insel: der natürlichen und ethnografischen Landschaft von La Geria.

1968 schuf der lanzarotenische Künstler César Manrique die große Skulptur am Eingang, „Fecundidad (Fruchtbarkeit)" genannt. Das Werk entsteigt den Steinen von Peña de Tajaste und gewinnt mittels wechselnder kubischer Körper an Höhe, hergestellt aus alten Bootstanks, die recycelt und weiß gestrichen wurden. Das Resultat ist ein abstraktes Werk welches trotz seines Ausmaßes eine große Dynamik und eine starke symbolische Kraft vermittelt. Nach der großen Skulptur am Eingang bietet der Rest des Museumshauses verschiedene charakteristische architektonische Elemente der Insel: Balkone, Kamine, Walmdächer, Türen, Fenster, Möbel sowie die weiße Farbe der Wände und die grüne Farbe für das Holz. Manrique war stets ein großer Verteidiger der Landwirtschaftswerte und der traditionellen Architektur der Insel. Das Museumshaus des Landarbeiters gehört zum Netz der Kunst-, Kultur und Tourismuszentren. Nach dem Tod Manriques wurde das Zentrum unter der Leitung des Künstlers Ildefonso Aguilar erweitert, und im Inneren gibt es Räume für das Kunsthandwerk, die kulturellen Aktivitäten und die Gastronomie der Insel.

Tiefe Höhle, überwölbtes Haus der Ureinwohner in Testeina. Nach der spanischen Eroberung wurde dieses überwölbte Haus höchstwahrscheinlich im Dorf Testeina genutzt, begraben von den Vulkanausbrüchen 1730-1736.

scheinlich ein Haus, welches aus der Epoche der Ureinwohner datiert und in der Folgezeit bewohnt wurde. Seine Entstehung liegt demnach vor den Lavagüssen und es gehörte zum Dorf Testeina, das von der Vulkanasche begraben wurde. Es ist von großem archäologischem Wert, da es eine der wenigen Stätte der Insel ist, welche eine Wohnungsstruktur mit Dach aufweist. Sie befindet sich in Testeina (Masdache) auf einem verlassenen Landgut mit Wein und Obstbäumen in „chabocos“ (Löcher im Vulkanguss) zwischen zwei Lavaströmen. Man kann auf diesem Landgut beobachten, wie für die Errichtung der „zocos“ der Weinreben Steine verwandt wurden, die von ehemaligen Häusern stammten. Weitere relevante Funde in diesem Gebiet sind Steinmauern, die vor den Lavagüssen konstruiert wurden, und die teilweise von der Lava bedeckt wurden. Bei den von Experten durchgeführten Schürfungen wurden Reste importierter Keramik gefunden.

Ganz in der Nähe des Taro de Testenia, an einem Hang des Montaña Negra, kann man außerdem eine antike „aljibe“ besichtigen, die kürzlich vom Dienst für Kulturerbe der Inselregierung restauriert wurde. „Aljibes“ sind Strukturen zum Auffangen und Aufbewahren von Wasser, die überall in der Architektur Lanzarotes zu finden sind. Auf der Insel entwickelte sich aufgrund des fehlenden Regens eine ausgefeilte Kultur und populäre Ingenieurskunst rund um das Wasser.

“Am Tag des 1. Septembers 1730 öffnete sich die Erde in Timanfaya” von Ignacio Valderas

So beginnt die Geschichte der stärksten Vulkanausbrüche in modernen Zeiten auf den Kanaren, die eine weitreichende Zerstörung der Existenzgrundlage herbeiführten und eine Hungersnot, die viele Einwohner Lanzarotes dazu zwang zu emigrieren. Viele andere wiederum trotzten der Natur. Ihre fruchtbare Erde war unter einem Mantel von toter Vulkanasche begraben, auf der man nichts anbauen konnte. Sie versuchten ihr Land auszugraben, was jedoch unmöglich war, die Schicht der Vulkanasche erreichte an einigen Stellen bis zu vier Meter Dicke. Aber sie entdeckten, dass sie in der Tiefe der „hoyos“, wenn sie zur fruchtbaren Erde gelangten, die Wurzeln ihrer Pflanzen setzen konnten. Und dort, wo früher nur Getreide gedieh, konnte nun auch Wein und alle möglichen Obstbäume angebaut werden, die mit Stärke wuchsen und deren Früchte sehr süß und schmackhaft waren.

Mit wenig mehr als ihren Armen und Holzschaufeln begannen die Landarbeiter „hoyos“ zu öffnen. Männer, Frauen, Greise und Kinder arbeiteten, um den Reichtum zu entdecken, der sich unter dem Mantel aus „picón“ befand. Sie pflanzten Wein und verhätschelten ihn, bis sie seine Früchte ernten konnten, und gleichzeitig schufen sie eine der eindrucksvollsten Weinlandschaften, die es auf der Welt gibt.

Die Früchte dieser enormen Arbeit waren so außergewöhnlich, dass in den Gebieten, in denen die Vulkanasche nicht gelangte, die Landarbeiter den „picón“ auf den Rücken von Dromedaren antransportierten. Sie sammelten ihn dort ein, wo er reichlich vorhanden war, und verteilten ihn auf den Feldern. So entstanden die künstlichen „arenados“. Im Zentrum wurden Mais, Kartoffeln, Tomaten, Kürbisse etc. gepflanzt und auf den Gebieten, die diese Güter umgaben, wurde Wein in Gräben gepflanzt. Auch die Spalten, die sich beim Erkalten und Verhärten der Lavaflüsse bildeten, wurden genutzt, indem sie mit Hammer und Meißel vergrößert wurden bis eine genügend große Lücke entstand. In den so entstandenen „chabocos“ wurden Weinreben gepflanzt, die die Größe von Bäumen erreichten.

All die Anstrengung und die überbordende Imagination der Bauern auf Lanzarote hat die Verzweiflung in Glück verwandelt, ein steriles Land in eines voller Leben, welches heute eine der großen landschaftlichen Attraktivitäten der Insel Lanzarote ist, in der eine Vielzahl an Besuchern die Schönheit genießen und von der alle Einwohner Lanzarotes profitieren. Die Pflege und die Hingabe, mit der ihre Hände den Wein pflegen bis dessen Früchte geerntet werden, machen aus der Traube aus Lanzarote ein einmaliges önolgisches Juwel, das im Inneren seiner Haut die ganze Landschaft von La Geria vereint.

Wenn man die Älteren im Morgengrauen zu ihren Gütern gehen sieht, und auf dem Heimweg gegen Mittag, nachdem sie erneut mit ihrem Wein einen gesunden und ruhigen Tag ihres Ruhestands verbracht haben, der ihr Leben verlängert; wenn die Zeit der Ernte naht, in der man komplette Familien teilnehmen sieht, bei der sich Nachbarn gegenseitig helfen und der Tag in Festen und Grillabenden endet; wenn man ein Glas des besten Weins teilt und man voller Stolz mit den anderen wetteifert; dann versteht man das wahre Ausmaß des Weinanbaus auf Lanzarote und das er ein großer Teil unserer Kultur ist. Er ist mit unseren Leben verbunden.

Der leichte Nebel, oder tiefe Wolken, die manchmal über Nacht entstehen, sind eine große Quelle an Feuchtigkeit, die Dank der Porosität des „picón“ schnell aufgenommen wird.

9. WEINE UND GASTRONOMIE

Es ist unmöglich, über Wein aus Lanzarote zu sprechen, ohne die reichhaltige Gastronomie der Insel zu erwähnen, ein weiteres Beispiel für die einmalige und fruchtbare Kombination die auf der Insel zwischen Menschen, Natur, Kultur und Umwelt besteht.

Ohne ihre Einzigartigkeit und ihre Eigentümlichkeiten zu vergessen, kann man die Wurzeln der kanarischen und lanzarotenischen Küche in der kulinarischen Tradition Spaniens und des Mittelmeers finden, obwohl auch starke Verbindungen nach Lateinamerika und, in geringerem Maße, zum naheliegenden afrikanischen Kontinent existieren. Wie so viele Elemente der kanarischen Kultur entstammt auch die Gastronomie der Insel aus der wichtigen geostrategischen Position der Inseln sowie den Bezügen zu drei Kontinenten, die maßgeblich die historischen Geschehnisse auf den Kanaren mitbestimmt haben. Trotzdem ist es in erster Linie das Gebiet Lanzarotes, welches am meisten die Einzigartigkeit der Inselküche bestimmt hat: Wasser, Erde, Fauna und Meer.

Die Landwirtschaft auf Lanzarote, stets abhängig vom fehlenden Wasser, hat einfallsreiche und arbeitsaufwändige Lösungen gefunden, wie den Gebrauch von Sand (auf der Insel auch „jable" genannt) oder Vulkanasche, um in bester Qualität und über Jahrhunderte, Produkte wie Getreide, Hülsenfrüchte, Gemüse usw. zu produzieren.

Auf Lanzarote ragen die verschiedenen Arten von Knollenfrüchten (Kartoffeln und Süßkartoffeln) heraus, überaus charakteristisch für die Kanaren. Besondere Erwähnung verdient die „Wüstentrüffel", im Volksmund „papa cría", genannte Art, auch wenn es sich dabei um einen Pilz handelt, der auf natürliche Art in sandigen Zonen wächst. Andere signifikante Produkte, die oft mit Lanzarote verbunden werden, sind bestimmte Hülsenfrüchte und Gemüse wie Zwiebeln, Linsen und Tomaten, die auf der Insel angebaut werden, sowie, in geringerem Maße, Kichererbsen, Saatwicke, Mais oder Mangold. Unter den Früchten kann man die Wassermelone nennen, Feigen, Erdbeeren, Papayas, Maulbeeren und natürlich Wein.

Lanzarote hat eine lange Tradition des Fischfangs entlang der Küsten und dem nahen afrikanischen Fischfanggebiet, eines der ergiebigsten des Planeten mit Spezies von großer Qualität wie Thunfisch, Meerbrassen, Zackenbarsch, Moränen, Tintenfische, Kalmare, Adlerfische oder Gambas, die Tag für Tag in den Restaurants der Insel angeboten werde. Außerdem gibt es verschiedene Arten von lokalen Meeresfrüchten: Lapas-Muscheln, Clacas-Muscheln, Burgaos-Schnecken oder Miesmuscheln.

Lanzarote Cocina (Lanzarote kocht)

Lanzarote Cocina ist eine gemeinnützige Vereinigung von Geschäftsleuten, zu der eine repräsentative Auswahl von Restaurantbesitzer und Köchen gehört, die mit ihren kulinarischen Angeboten die Weine und inseleigenen Produkte Lanzarotes bewerben. Ihr Ziel ist es, die Werbung der Tugenden und Eigenarten der lokalen Küche zu fördern. Lanzarote Cocina ist eine Marke gastronomischer Qualität verbunden mit dem Ursprungsgebiet, den natürlichen Ressourcen der Insel und ihrer Produkte.

Die Gruppe an Restaurants, die Lanzarote Cocina bilden, hat sich verschiedene Ziele hinsichtlich der sozialen Verantwortung ihrer privaten Tätigkeit gesetzt:
-Die Verteidigung und Wertschätzung der Produkte der Landwirtschaft Lanzarotes: Linsen, Gemüse, Süßkartoffeln, Zwiebeln, Gofio, schwarzes kanarisches Schwein, Fisch, Käse, etc.
-Die Bewerbung und Bekanntmachung der Weine der Insel mit einer breiten Präsenz der Weine in den Weinkarten der Restaurants
-Die Schaffung einer Küche, die diesen Zielen entspricht, die die Werte der Produkte der Erde und des Meers schätzt und dabei stets den Stil und die Persönlichkeit jedes einzelnen Kochs respektiert.
-Die Arbeit zum Wohl der Erhaltung der Kultur und des kulinarischen Erbes Lanzarotes.
-Eine feste und klare Haltung dafür, dass Lanzarote seinem Model der nachhaltigen Entwicklung treu bleibt.

Linseneintopf aus Lanzarote.

Der Viehbestand der Insel reicht von Jagdwild wie Kaninchen oder Vögel bis hin zu herausragenden Spezies wie dem schwarzen kanarischen Schwein oder den Arten an Ziegen, die sowohl für ihr Fleisch als auch für die Produktion von Käse genutzt werden, einem der starken Punkte der Küche Lanzarotes. Traditionell nutzte der Viehzüchter der Insel die überschüssige Milch zur Herstellung von frischem Käse, Weichkäse, halbreifen oder reifen Käse. Heutzutage modernisieren verschiedene neue Käsereien die Tradition, und sie erhalten aufgrund ihrer Qualität eine Vielzahl an Preisen in spezialisierten Wettbewerben.

Außer den bereits genannten Elementen gibt es weitere typische Nahrungsmittel der Insel wie den „gofio“, eine Mischung unterschiedlicher gerösteter Getreidesorten, die in der traditionellen kanarischen Küche viel benutzt wird. Weitere herausragende Produkte auf Lanzarote sind die Aloe (die Kanaren sind die europäische Region in der die meisten dieser Pflanzen mit zahllosen heilsamen Wirkungen produziert werden) und Salz. Die Salinen-Tradition ist auf Lanzarote sehr bedeutend mit herausragenden Beispielen wie den natürlichen Salinen des Risco de Famaras, seit antiken Zeiten im Gebrauch, oder die Salinen von Janubio, eine der größten und spektakulärsten der Welt. In den letzten Jahren sind neue Firmen aufgetaucht die das Angebot an Salz erneuern und es mit großem Erfolg international exportieren.

Einige herausragende Gerichte zu nennen zwingt immer zu einer ungerechten Auswahl, man kann jedoch einige klassische

Rezepte vorschlagen. Sehr bekannte Vorspeisen sind die Fischsuppe, der Linseneintopf, die Maissuppe, der gebratene Käse mit Mojo-Saucen sowie der Küsten-Nudeltopf mit Adlerfisch. Bei den Fischgerichten sind Hundshaistreifen in Zwiebeln, marinierter Thunfisch, Tintenfischeintopf oder der Sancocho-Eintopf zu nennen. Bei den Fleischgerichten sind die verschiedenen Zubereitungsarten des Ziegenfleischs oder des schwarzen kanarischen Schweins zu empfehlen, und bei den Nachspeisen Frangollo (Nachspeise aus Mais und Milch), Truchas (Süßkartoffel-Gebäck) oder Torrijas (Arme Ritter).

Fisch der Insel: Papageifisch, Goldbrasse, Meersau, „bicúa" und Weißbrasse

Saborea Lanzarote

2010 entstand Saborea España, ein Club von Produkten kreiert von Turespaña, zu dem verschiedene touristische Gebiete mit einer attraktiven Gastronomie gehören.

Alle beteiligten Parteien (Restaurants, Hotels, landwirtschaftliche Produkte, Bodegas...) arbeiten an der Verwirklichung gemeinsamer Ziele: touristische Produkte in gastronomische Erfahrungen zu verwandeln; das Konzept des Gastronomietourismus zu erweitern, indem man die Basis der authentischen spanischen Gastronomie mit dem Ursprungsgebiet in Zusammenhang bringt; bei den vorhandenen Angeboten die Inhalte erweitern und neue Werte hinzufügen; dem Sektor neue Nutzungsmöglichkeiten hinzuzufügen um ihn mit dem Tourismus zu verbinden; sowie die Werbung und die Kommerzialisierung ehrgeizig und innovativ voranzutreiben und neue Märkte zu erkennen und zu erschließen.

Lanzarote, unter der Marke Saborea Lanzarote, ist seit Beginn und als Gründungsmitglied Teil dieses Projekts. In diesem Sinne wird daran gearbeitet, den Qualitätstourismus zu bewerben, mittels der qualitativen Wertsteigerung der lokalen landwirtschaftlichen Produkte und in der Schaffung einmaliger gastronomischer Erlebnisse in Verbindung mit der Gastronomie und dem Weinanbau, bei dem die besten Produkte der Insel beworben werden. Saborea Lanzarote setzt dabei auf die Önogastronomie als unterscheidendes Merkmal des touristischen Zielgebiets.

Die Marke Saborea Lanzarote organisiert jeweils im Dezember das Önogastronomische Festival in Teguise. Dieses Treffen vereint den Weinsektor mit der Gastronomie der Insel, zelebriert Produktpräsentationen und fördert Weiterbildungsaktivitäten. Zusätzlich zu diesem jährlichen Festival werden alle zwei Monate in verschiedenen Orten der Insel önogastronomische Wochen organisiert, stets unter Berücksichtigung einer bestimmten Thematik in Bezug auf lokale Produkte. Wenn Sie mehr Informationen zu diesem Thema erhalten möchten, können Sie das detaillierte Programm im Internet unter www.saborealanzarote.org abrufen.

Harmonie zwischen Wein und traditioneller Küche

von Gustavo Palomo

Der Wein von Lanzarote fusioniert perfekt mit den Gerichten der kanarischen Gastronomie. Der Sommelier Gustavo Palomo, bester kanarischer Sommelier 2010 und 2012, stellt uns einige Harmonien zwischen traditioneller Gastronomie und den Weinen der Insel zusammen. Für diese Harmonien hat er die wichtigsten Traubensorten, die in den Weinen der Insel zu finden sind, genutzt, sowie traditionelle und bekannte Gerichte, die man mit hoher Wahrscheinlichkeit in den Gastronomieeinrichtungen der Insel finden kann, sowie andere, authentische Gerichte

Vulkanische Malvasia

-Alle Arten von Käse: Ziegenkäse, Schafskäse und Kuhmilchkäse. Insbesondere Weichkäse, halbgereifte Käse, mit nicht mehr als drei Monaten Reife, Majorero-Käse, Käse aus Guía, etc.
- Kanarische Salzkartoffeln mit Mojo Saucen.
- Gebratener Papageifisch.
- Gebackener Papageifisch.
- Kalmare nach La Graciosa Art.
- Salzfisch mit Zwiebeln.
- Fischeiersalat.
- Meerbrasse nach „conejero" Art.
- Sardinen in Mehl gebraten.
- Fischsuppe.
- Meeraal mit Reis.
- Lapas-Muscheln und Burgaos-Schnecken.
- Pejines-Trockenfische.
- Küsten-Nudelpfanne.

Diego

- Alle Arten von Käse: Ziegenkäse, Schafskäse und Kuhmilchkäse. Insbesondere Weichkäse, halbgereifte Käse, mit nicht mehr als drei Monaten Reife, Majorero-Käse, Käse aus Guía, etc.
- Kanarische Salzkartoffeln mit Mojo-Saucen.
- Lapas-Muscheln aus der Pfanne oder als Durcheinander.
- Oliven mit Mojo-Saucen.
- Hundshaistreifen mit Mojo-Saucen und Koriander.
- Kalmar-Eintopf.
- Frittierte Moräne.
- Gebackene Meerbrasse.
- Gebackener Papageifisch.
- Frittierter Barsch.
- Reispfanne mit Papageifisch.
- Maiseintopf.
- Gemüseeintopf.
- Mariniertes Kaninchen.

Süße Weine:

Vulkanische Malvasia und Moscatel

- Vor allem als Aperitif mit altem Ziegenkäse, Käse mit über acht Monaten Reife.
- Truchas (Süßkartoffel-Gebäck) aus San Bartolomé.
- Baiser.
- Bienmesabe (Mandel-Ei Nachspeise).
- Buttergebäck.
- Frangollo (Nachspeise aus Mais und Milch).
- Käsefladen.
- Arme Ritter nach Margucho Art (La Graciosa).

Listán negra (Rosés)

- Alle Arten von Käse, wie beim vulkanischen Malvasia und Diego.
- Kanarische Salzkartoffeln mit Mojo Saucen.
- Oliven mit Mojo-Saucen.
- Reispfanne mit Papageifisch.
- Reispfanne mit Meeresfrüchten.
- Küsten-Nudelpfanne.
- Fischkuchen.
- Hühncheneintopf nach „conejero"-Art.
- Zackenbarsch-Kroketten.
- Saatwicke-Eintopf.
- Gegrilltes Gemüse.

Listán negra (Rotweine)-

- Alle Arten von Käse: Ziegenkäse, Schafskäse und Kuhmilchkäse mit mehr als vier Monaten Reife.
- Frittierter Schweinespeck.
- Hundshaistreifen in Sauce.
- „Conejero"-Eintopf mit Salzfisch.
- Kresse-Eintopf.
- Linseneintopf aus Lanzarote.
- Kanarische Gemüseplatte.
- Frittiertes Zicklein oder als Eintopf.
- Kaninchen in Salmorejo.
- Festfleisch.
- Ziegenfleisch-Eintopf.
- Schwarzes kanarisches Schwein.
- Schweinerippchen und Maiskolben.
- „Ropa vieja" Eintopf.

C.A.-T.M.+

10. BODEGA FÜHRER

Der Consejo Regulador de la Denominación de Origen Vinos de Lanzarote verfolgt diesen Gebietsschutz seit dem 14. Dezember 1993 und sein Ziel ist es, den Ursprung und die Qualität der Weine, die auf der Insel produziert werden, zu garantieren. Aus diesem Grund wird von der Ernte bis zur Flaschenabfüllung eine ausgiebige Kontrolle durchgeführt, in deren Verlauf analytische und organoleptische Tests durchgeführt werden. Eine positive Qualifizierung wird für den Konsumenten durch ein nummeriertes Erkennungs-Etikett auf der Flasche bestätigt. Dieses Etikett garantiert, dass der Wein aus Trauben der Insel hergestellt wurde und dass sämtliche Qualitätsschritte eingehalten wurden.

Der Consejo Regulador zählt 17 eingeschriebene Bodegas und über 1700 Weinbauer. Diese Bodegas produzieren durchschnittlich 1.500.000 Flaschen, die zu 50% auf dem Inselmarkt umgesetzt und zu 50% exportiert werden, vor allem auf die Kanarischen Inseln. Fast 15% des Weins wird in den Rest von Spanien und in andere Länder wie Deutschland, Großbritannien oder in die Vereinigten Staaten exportiert. Zur Einmaligkeit der Weinlandschaft auf Lanzarote gesellt sich die Vorzüglichkeit seiner Weine, welche mit vielen internationalen Preisen ausgezeichnet wurden.

Die Lage von vielen, dem Consejo Regulador angehörenden Bodegas, in der Mitte von La Geria oder sehr nahe gelegen, hat dazu geführt, dass die wichtigsten Bodegas ihre Türen dem Publikum geöffnet haben und verschiedene Dienstleistungen wie zum Beispiel Verköstigungen, Besuche, Museen, Restaurants oder Geschäfte anbieten. Zusätzlich sind sie Bühne für Veranstaltungen wie Verköstigungen, Weinproben sowie für andere Initiativen in Verbindung mit Kultur oder Aktivitäten an der frischen Luft. Die wichtigsten Bodegas, aufgrund ihrer Produktion, ihrer Lage, dem Umstand dem Publikum offen zu stehen, und Bühne unterschiedlicher Aktivitäten zu sein, sind: El Grifo, Vega de Yuco, Los Bermejos, La Geria, Rubicón und Stratvs.

Es existieren weitere Bodegas im Consejo Regulador, die man nach Terminabsprache besichtigen kann. Diese Bodegas sind Castillo de Guanapay, Guiguan, El Alto, El Campesino, La Grieta, Martinón, Mozaga, Reymar, Viña Meseta und Vulcano de Lanzarote.

Der produzierte Wein kann in Supermärkten der Insel, in Gastronomieeinrichtungen oder am Flughafen erworben werden. Für den Kauf von bestimmten Weinen außerhalb der Insel wird empfohlen, direkten Kontakt mit der jeweiligen Bodega aufzunehmen, die nähere Informationen über ihre Verkaufsstellen geben kann.

BODEGAS AUF LANZAROTE

Bodegas Castillo de Guanapay

Tlf.: (34) 928 804 579
C/ La Asomada, nº 39, Tías.

Bodegas El Alto

Tlf.: (34) 928 173 510
Camino Las Quemadas, nº 12, La Vegueta, Tinajo.

Bodegas El Campesino

Tlf.: (34) 678 753 133
C/ Guadarfía, nº 2, San Bartolomé.

Bodegas El Grifo

Tlf.: (34) 928 524 036
LZ-30, km. 11, San Bartolomé.
www.elgrifo.com

Bodegas Guiguan

Tlf.: (34) 928 840 715
Avenida de los Volcanes, nº 116, Tinajo.

Bodegas La Geria

Tlf.: (34) 928 173 178
Carretera de La Geria, km. 19.
www.lageria.com

Bodegas La Grieta

Tlf.: (34) 928 848 110
C/ Cueva de los Verdes, nº 5,
Punta Mujeres, Haría.

Bodegas La Florida

Tlf.: (34) 928 593001
C/ La Florida 89
San Bartolomé
www.bodegalaflorida.com

Bodegas Los Bermejos

Tlf.: (34) 928 522 463
Camino a los Bermejos, nº 7, La Florida. San Bartolomé.
www.losbermejos.com

Bodegas Martinón

Tlf.: (34) 928 834 160
Camino del Mentidero, nº 2, Masdache, Tías.
www.bodegasmartinon.com

Bodegas Mozaga

Tlf.: (34) 928 520 485
Carretera Arrecife-Tinajo, km. 8, Mozaga, San Bartolomé.

Bodegas Reymar

Tlf.: (34) 928 840 737
Plaza de Los Dolores, nº 19, Tinajo.
www.bodegasreymar.com

Bodegas Rubicón

Tlf.: (34) 928 173 708
Carretera Teguise-Yaiza, nº 2.
www.vinosrubicon.com

Bodegas Stratvs

Tlf.: (34) 928 809 977
Carretera La Geria-Yaiza, km. 18.
www.stratvs.com

Bodegas Tierra de Volcanes

Tlf.: (34) 630 889 454
C/ Las Vistas, nº 18, Yaiza.

Bodegas

1. Castillo de Guanapay
2. El Alto
3. El Campesino
4. El Grifo
5. Guiguan
6. La Geria
7. La Grieta
8. Los Bermejos
9. Martinón
10. Mozaga
11. Reymar
12. Rubicón
13. Stratvs
14. Tierra de Volcanes
15. Vega de Yuco
16. Viña la Meseta
17. Vulcano de Lanzarote
18. Bodegas La Florida

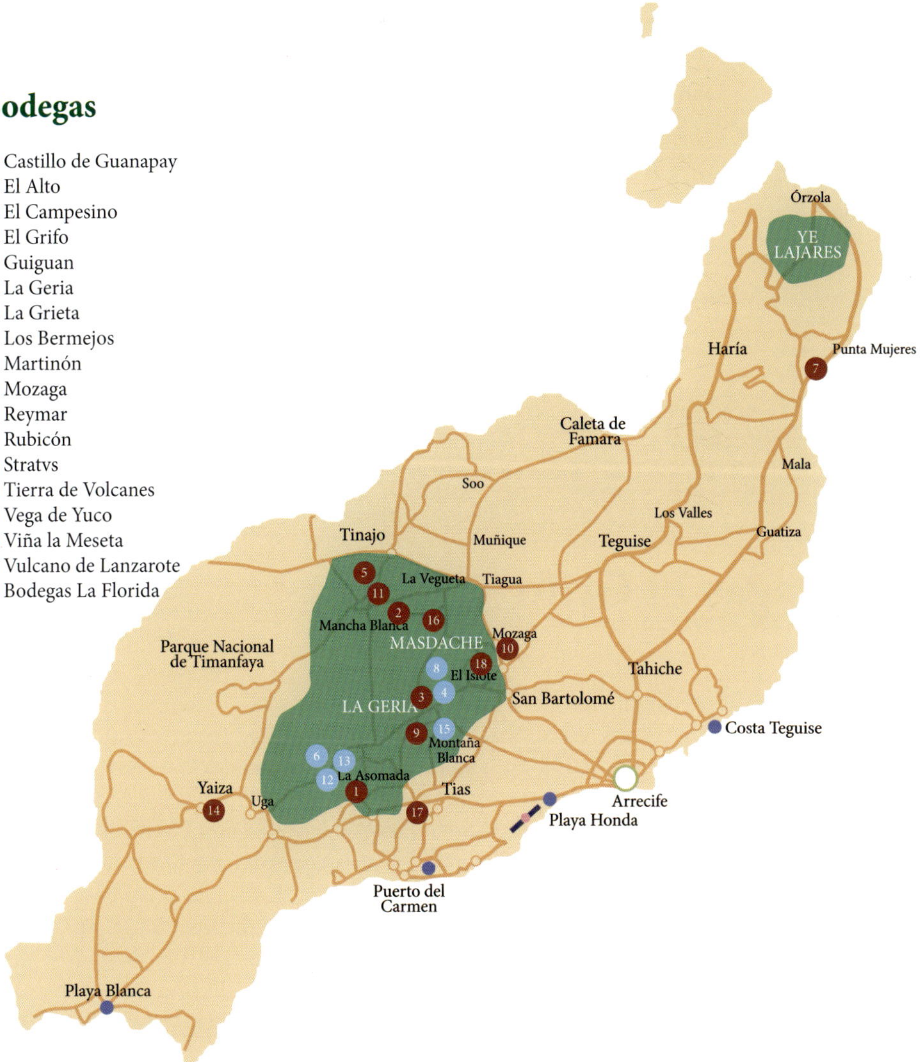

● Auf den folgenden Seiten finden sie ausführlichere Beschreibungen der Bodegas, die man besichtigen kann

Bodegas Vega de Yuco

Tlf.: (34) 928 524 316
Camino del Cabezo, s/n, Masdache, Tías.
www.vegadeyuco.es

Bodegas Vulcano de Lanzarote

Tlf.: (34) 928 524 469
C/ Víctor Fernández Gopar, nº 5, Tías.
www.bodegavulcano.es

Bodegas Viña Meseta

Tlf.: (34) 928 840 425
Camino El Peñón, nº 14, La Vegueta, Tinajo.

Bodegas El Grifo

Gegründet 1775 ist sie die älteste Bodega der Kanaren und eine der zehn ältesten Spaniens. Sie hat eine durchschnittliche Jahresproduktion von über 500.000 Liter, ihre maximale Produktionskapazität liegt jedoch bei 1,2 Millionen Liter. Sie verfügt über eigene Weinberge von über 60 Hektar und sie bietet Beratung für die angegliederten Weinbauern, weshalb ihre Weinberge das Zertifikat der integrierten Produktion besitzen. Es war die erste Bodega auf den Kanaren die technologische Prozesse einführte, wie die systematische Flaschenabfüllung, rostfreie Stahltanks sowie spezielle Kühlungsprozesse. In der Gegenwart sind sie an einem I+D Projekt der Universität Montpellier beteiligt.

In ihren Einrichtungen ist erwähnenswert, dass eine Palme aus dem Jahr 1750 datiert, höchstwahrscheinlich ist sie eine der ältesten Palme der Insel. Die Moscatel Weinreben, die man bei dem Besuch sehen kann, datieren aus dem 19. Jahrhundert, außerdem werden Weine aus dem Jahr 1881 gelagert. In der Produktion der Weine werden traditionelle Techniken angewandt, insbesondere bei der Produktion des Malvasía Canari und des George Glass.

Der Besuch, zu dem El Grifo einlädt, ist ein Spaziergang durch die Geschichte des Weinanbaus auf Lanzarote, man besichtigt das Weinmuseum, die ehemalige Bodega mit den verschiedenen Utensilien des Weinanbaus aus dem 19. und 20. Jahrhundert, sowie den Weinkeller. In einem Spezialgeschäft werden Verköstigungen aller Weine angeboten.

Außerdem gibt es eine Wein Bibliothek mit 5000 Bänden, die 1998 eingeweiht wurde. César Manrique, Freund der Familie, hat nicht nur das Logo der Bodega und eines ihrer Etiketten gestaltet, sondern auch die Einrichtung eines Weinmuseum in den alten Einrichtungen der Bodega angeregt. In El Grifo werden regelmäßig Veranstaltungen durchgeführt und sie beteiligen sich aktiv an kulturellen Programmen in der Zone.

Weine

Die Bodega verfügt über 16 Weinsorten unter denen der Seco Colección, Semidulce Colección, Tinto Listán Negro, Tinto Ariana, Malvasía Dulce und Malvasía Canari herausragen. Andere Weine die produziert werden sind ein im Fass fermentierter Rosado, Moscatel de Ana, Espumoso Brut Nature Blanco Seco und Rosado, Tinto dulce Listán Negro, Malvasía seco ecológico und ein Tinto Reserva der Familie 100% Syrah.

WEB: www.elgrifo.com
ADRESSE: LZ-30, km. 11.
San Bartolomé, PLZ: 35550

TELEFON: (34) 928 524 036
RODUKTE UND DIENSTLEISTUNGEN: Wein, geführte Besichtigungen, Weinmuseum, Verköstigungen, kulturelle Veranstaltungen und Spezialgeschäft.

Weinmuseum

Dieses Museum, eingeweiht 1982, ist eins der meistbesuchten seiner Art in ganz Spanien. Es zählt 60.000 Besucher pro Jahr. Es befindet sich in den Einrichtungen der ehemaligen Bodega, die bis ins Jahr 1775 zurück datieren, und bietet eine Darstellung der traditionellen Ernte auf Lanzarote und zeigt Maschinen aus dem Ende des 19. Jahrhunderts und dem 20. Jahrhundert. In seinen Einrichtungen können wir eine Handwerkskunst Böttcherei, eine spezialisierte Bibliothek zu Themen rund um den Wein mit über 5000 Bänden, sowie die ehemaligen Tanks besichtigen, in denen der Wein dieser Bodega hergestellt wurde. Der Besuch des Museum beinhaltet einen Besuch eines nahen Weinbergs, in dem zweihundert Jahre alte, in „chabocos" gepflanzte, Moscatel Weinreben besichtigt werden können sowie Obstbäume und vulkanische Malvasia Reben.

Öffnungszeiten: Montags bis sonntags (Feiertage inkl.) von 10:30 bis 18:00 Uhr.
Geführte Besichtigungen um 11:30 Uhr und 16:00 Uhr.
Tel.: (34) 928 524 951

Bodegas La Geria

Neben der Kirche La Caridad gelegen, liegt die Bodega La Geria inmitten des historischen Kulturerbes und verfügt über eine privilegierte Aussicht über die Umgebung und den Timanfaya Nationalpark. Sie wurde Ende des 19. Jahrhunderts von der Familie Rijo erbaut, und seit 1993 wird sie von den derzeitigen Besitzern geführt. Ihre jährliche Produktion liegt bei 250.000 Liter. Zusätzlich zu den Einrichtungen der Bodega verfügt sie über ein Restaurant, einen Saal für Verköstigungen, ein Kunsthandwerks-Geschäft und einen großen Parkplatz. Die Bodega La Geria ist die meistbesuchte Bodega mit ungefähr 400.000 Besuchern pro Jahr, laut Daten der Firma. Damit ist sie eine der meistbesuchten Punkte der Insel Lanzarote und außerdem eine der meistbesuchten Bodegas in ganz Spanien.

In vielen Fällen ist die Bodega La Geria für Touristen der einzige mit dem Wein verbundene Besuch. Die privilegierte Aussicht von der Bodega Richtung Timanfaya ist einer der Punkte der Insel, an dem die meisten Fotos entstehen.

Unter den Einrichtungen ragt ein Saal für Verköstigungen heraus, der eine ehemalige Kelterei und eine traditionelle Weinpresse enthält. Der Boden ist, charakteristisch für die traditionellen Haus-Bodegas, mit „rofe“ bedeckt.

Weine

Die Bodega verfügt über neun Weinsorten, insbesondere die Malvasía volcánica seco, Dulce, Manto malvasía volcánica seco, Moscatel und Tinto selección. Weitere Sorten sind Malvasía volcánica semidulce, Rosado, Tinto maceración carbónica und Tinto.

WEB: www.lageria.com
ADRESSE: Carretera de La Geria, km. 19.

TELEFON: (34) 928 173 178
PRODUKTE UND DIENSTLEISTUNGEN: Wein, Spezialgeschäft, Restaurant, Handwerkskunst-Geschäft und geführte Besuche.

Erntefest

Am 15. August, zeitgleich mit dem Feiertag der Kirche La Caridad, wird in den Einrichtungen der Bodega eine traditionelle Ernte und Traubenpresse gefeiert. Die Ernte wird mit Dromedaren durchgeführt, und Männer und Frauen kleiden sich in traditionellen Trachten und benutzen traditionelle Gerätschaften. Die Traubenpresse, durchgeführt in einer alten Kelterei der Bodega, wird mit den Füssen durchgeführt und Touristen und Einheimische werden eingeladen teilzunehmen. Diese Feier erinnert an den Ursprung und die harte Arbeit des Weinanbaus in der Vergangenheit, und ist eine der empfehlenswertesten Veranstaltungen um die Landschaft und die Kultur von La Geria kennenzulernen. An diesem Tag werden auch weitere Aktivitäten in den umliegenden Bodegas veranstaltet.

Bodegas Los Bermejos

Die Bodega Los Bermejos, gegründet im Jahr 2001, hat seinen Namen aufgrund des Landguts in dem sie sich befindet, im Gebiet Juan Bello in der Gemeinde San Bartolomé. Diese erst kürzlich gegründete Bodega befindet sich neben einem Gut aus dem 18. Jahrhundert, der einer der bedeutendsten Familien der Insel gehörte, inmitten eines typischen Anbaugebiets für Wein auf Lanzarote. Das alte Landhaus wurde gemeinsam mit anderen Gebäuden der Bodega, wie der ehemaligen Kelterei, restauriert. Die Bodega hat eine jährliche Durchschnittsproduktion von 400.000 Liter.

In der Gegenwart hat sich die Bodega Los Bermejos als ein klarer Vertreter für die Produktion von Weinen bester Qualität etabliert. In der Produktion benutzen sie Prozesse und Maschinen die derart gestaltet sind, dass sie sämtliche organoleptischen Charakteristika hüten und bewahren. Für die Besitzer von Los Bermejos besteht ein Hauptteil ihrer Arbeit darin, die besten Trauben und dadurch den besten Wein zu erhalten: "Lanzarote schenkt uns einmalige und unverbesserliche Bedingungen um dies zu erreichen, Klima, Böden, Traubensorten, Eigenarten des Anbaus, all das gibt uns unser Land. Das einzige, was wir noch tun müssen ist, den Saft der fermentierten Trauben in Flaschen zu füllen, ohne ihn zu manipulieren, zu verändern oder irgendetwas zu verstärken."

Ihre Flasche ist sehr charakteristisch und es ist einer der Weine Lanzarotes den man am häufigsten außerhalb der Insel findet. Gemeinsam mit der Bodega El Grifo ist es die Bodega, die am meisten Wein auf der Insel produziert, und sie verfügt über die meisten angeschlossenen Weinbauern. Kürzlich wurden die Einrichtungen dem Publikum geöffnet und es werden geführte Besuche sowie ein Spezialgeschäft angeboten.

Los Bermejos setzt auf die Produktion von ökologischen Weinen wie Diego, Malvasía seco und Rosé, außerdem werden nachhaltige Verfahren eingeführt, wie die Benutzung von Korken mit FFC Zertifikat.

Weine

Die Bodega verfügt über 14 Weinsorten unter denen (von links nach rechts) der Malvasía seco, rosado, Tinto maceración carbónica, Malvasía naturalmente dulce und Brut Nature herausragen. Weitere produzierte Weine sind Tinto, Moscatel naturalmente dulce, Rosado Brut und ökologischer Diego.

WEB: www.losbermejos.com
ADRESSE: La Florida. San Bartolomé. Camino a Los Bermejos, nº 7, PLZ: 35500

TELEFON: (34) 928 522 463
PRODUKTE UND DIENSTLEISTUNGEN: Wein, Spezialgeschäft, geführte Besuche, vereinzelte Gastronomie- und Kultur-Veranstaltungen.

Fotografiewettbewerb Los Bermejos

Unter den Veranstaltungen, die die Bodega Los Bermejos organisiert, ist insbesondere der Fotografiewettbewerb über die Einzigartigkeit des Weins auf Lanzarote zu erwähnen. Dieser Wettbewerb wird seit 2010 zu unterschiedlichen Themen wie Landschaft, die Ernte oder die Bodega selbst ausgeschrieben. Die Zahl der Teilnehmer ist hoch und von internationalem Charakter. In den letzten Ausgaben wurde die Nutzung der Fotografie mit einer sozialen Dimension versehen, denn sowohl der Fotograf als auch der Weinbauer wurden ausgezeichnet, auf diese Weise wird die Arbeit der Instandhaltung der Landschaft durch den Weinbauer auf Lanzarote gewürdigt. Die Bodega veranstaltet jährlich eine Ausstellung mit den Ergebnissen des Wettbewerbs und man kann die Teilnahmeregeln sowie die Resultate der ehemaligen Wettbewerbe auf ihrer Webseite www.losbermejos.com einsehen.

Fotografie von Christian Piesch, Gewinner der II. Ausgabe des Fotografiewettbewerbs.

Bodegas Rubicón

Diese Bodega befindet sich im Zentrum von La Geria, in einem alten Haus und Bodega aus dem 17. Jahrhundert, gegenüber der Kirche La Caridad und der Bodega La Geria. Ihre gegenwärtigen Besitzer kauften die Bodega 1979 von der Familie Fajardo, und nach mehreren Umbauten und einer sorgfältigen und respektvollen Restaurierung des alten Hauses wurde sie für die aktuelle Weinproduktion angepasst. Im Jahr 2009 wurden die Einrichtung dem Publikum geöffnet. Die Bodega Rubicón produziert um die 150.000 Liter pro Jahr, ihre maximale Kapazität liegt jedoch bei 300.000 Liter.

Die Entwicklung des Hauses und später der Bodega ist ein Beispiel für die Entwicklung des Weins auf Lanzarote. Was als kleine Hausbodega begann entwickelte sich bis in die Gegenwart zu einem der meistbesuchten Punkte in La Geria. Ihre Einrichtungen umfassen Bodega, Restaurant, Ausstellungssaal, Saal für Verköstigungen, Saal mit Fässern, Konferenzsaal, Geschäft und alte Kelterei. Diese alte Kelterei aus Steinen, ausgegraben aus der Erde, enthält traditionelle Utensilien wie eine Presse aus den Anfängen des 20. Jahrhunderts sowie Zementtanks zur Aufbewahrung des Weins.

Das Haus und die Kirche La Caridad gehören zum selben architektonischen Komplex, genannt Cortijo de La Geria und erbaut von Don Diego Laguna zu Beginn des 18. Jahrhunderts.

Regelmäßig werden eigene Veranstaltungen in Verbindung mit Verköstigungen organisiert, und die Bodega beteiligt sich an der Durchführung von Veranstaltungen anderer Organisatoren in ihren Einrichtungen.

Im Jahr 2012 wurde diese Bodega unter anderem mit der Goldmedaille der XVI. Berliner Wein Trophy (Berlin, Deutschland) und dem Bacchus de Oro beim X. Internationalen Wettbewerb Bacchus (Madrid) ausgezeichnet.

Weine

Die Bodega verfügt über neun Weinsorten unter denen der Amalia Malvasía seco, Rubicón seco, Rubicón Moscatel, Sweet Gold (Moscatel), Don Diego und Doña Dulce (Diego und Moscatel Traube) herausragen.

WEB: www.vinosrubicon.com
ADRESSE: Carretera de La Geria, km. 19.

TELEFON: (34) 928 173 708
PRODUKTE UND DIENSTLEISTUNGEN: Wein, Spezialgeschäft, Ausstellungssaal, Restaurant und geführte Besuche.

Restaurierung des Hauses

Die Konstruktion des Cortijos de La Geria fand im 16. Jahrhundert statt und es gibt schriftliche Erwähnung desselben seit 1570. Die Kirche La Caridad, die zu diesem Cortijo gehört, wurde 1706 vom Vikar Don Diego Laguna Ayala erbaut. Die Vulkanausbrüche von 1730-1736 begruben die Kirche und Teile des architektonischen Komplexes unter Pyroklasten. 1734 wurden diese ausgegraben und für den Gottesdienst wieder hergerichtet, noch bevor die vulkanischen Aktivitäten endeten. Die letzte Restaurie-rung des architektonischen Komplexes wurde von den Besitzern im Jahr 2009 durchgeführt. Es können Reste der Ausgrabungen besichtigt werden, sowie das Innere der „aljibe", in der Gegenwart umgewandelt zum Saal für Weinproben.

Bodegas Stratvs

Dies ist eine der neusten Bodegas auf Lanzarote (2007) und eine der modernsten in Spanien. Sie liegt im Barranco del Obispo im Herzen von La Geria. Die architektonische Gestaltung der Bodega und die Konservierung des alten Gutshauses erfolgten unter Rücksicht auf die Landschaftswerte des Ortes und dessen Status als geschütztes Naturgebiet. Die Bodega wurde unterirdisch angelegt, auf diese Art konnte die ursprüngliche Topografie des „barrancos" erhalten werden, und es wurden Materialien aus der Umgebung oder mit geringer optischer Wirkung verwandt. Die Einrichtungen der Weinkellerei sind über 2500 Quadratmeter groß und enthalten die modernsten Maschinen für die Verwendung von neuen Techniken wie CO_2, Stickstoff, Eisweinbereitung und Mikrooxigenation. Laut den Besitzern verwandeln diese Innovationen die Bodega in eine der fortschrittlichsten im Bereich der Weintechnik, ohne dabei jedoch die Tradition zu vergessen. Tradition und Innovation ist das Motto der Bodega Stratvs, die mit dem Einsatz von modernster Technologie auf die Qualität der Weine Lanzarotes setzt.

Ihre wichtigsten Ziele sind es, die einzigartige Welt des Weinanbaus auf Lanzarote näher zu bringen und zu verbreiten, die traditionellen Methoden des Weinanbaus auf Lanzarote zu erhalten und bekannt zu machen, Innovation aus der Tradition, die modernen Techniken der Weinkelterei zu zeigen sowie den Respekt für das ländliche Kulturerbe Lanzarotes und die Geschichte des Weinanbaus auf Lanzarote zu fördern. Im kulturellen Bereich setzen sie auf eigenständige Aktivitäten wie Konzerte und Ausstellungen, sowie die Kooperation bei Veranstaltungen anderer Veranstalter.

Die Qualität ihrer Weine wurde sowohl national als auch international anerkannt. Zahlreiche gewonnene Auszeichnungen belegen dies. Einer ihrer Weine, der Moscatel licor, ist bereits zweimal als bester Moscatel der Welt ausgezeichnet worden.

Weine

Die Bodega verfügt über elf Weinsorten unter denen der Malvasía seco, Tinto, Rosado, Malvasía naturalmente dulce und Moscatel herausragen

WEB: www.stratvs.com
ADRESSE: Carretera La Geria-Yaiza, km. 18.

TELEFON: (34) 928 809 977
PRODUKTE UND DIENSTLEISTUNGEN: Wein, Spezialgeschäft, geführte Besuche, Weinproben, Restaurant und weitere Produkte.

Restaurant, Geschäft und Weihnachtskrippe

Zusätzlich zu den Einrichtungen der Bodega verfügt Stratvs über zwei Restaurants, eins auf einer Terrasse mit Grill und das andere in einer halb-unterirdischen „aljibe". Die Produkte, mit denen die Restaurants arbeiten, sind von lokaler Herkunft und stammen aus der Finca de Uga mit Viehzuchtgut, Käserei und eigenem Gemüsegarten. Außerdem gibt es ein Geschäft für Gourmet-Produkte, einen Saal für Weinproben und große Terrassen auf denen regelmäßig kulturelle, kommerzielle oder weiterbildende Veranstaltungen angeboten werden.

Während der Weihnachtszeit ist ihre große Weihnachtskrippe, die Landschaften und traditionelle Häuser in Miniaturform nachstellt, gut besucht.

Bodegas Vega de Yuco

Diese Bodega, gegründet 1997 und in einem familiären Landgut im Ort Masdache gelegen, produziert durchschnittlich 150.000 Liter pro Jahr und verfolgt laut ihren Besitzern das Ziel, durch die Verbindung von traditionellen Methoden und neuen Technologien ein qualitatives Produkt herzustellen. In ihren Einrichtungen gibt es ein Spezialgeschäft und sie organisieren geführte Führungen durch ihre Länder, wobei insbesondere ein botanischer Garten mit mehr als 60 Spezies der Insel erwähnenswert ist. Dieser Garten bietet ausführliche Informationen über die auf der Insel vorhandenen natürlichen Spezies, die von Vega de Yuco in einem sehr gepflegten Garten, der die Weinstöcke der Bodega begleitet, zusammengestellt wurden.

Unter ihren Initiativen ist besonders die Produktion von Likören zu erwähnen, welche die lange soziale und gastronomische Tradition der Liköre auf Lanzarote weiterführt. Seit Jahrhunderten werden Liköre für bestimmte Festlichkeiten oder soziale Zusammenkünfte produziert. Bodegas Vega de Yuco hat kürzlich ein Buch über die traditionelle Likörherstellung auf Lanzarote veröffentlicht, mit Informationen zusammengestellt von Giovani Lemes auf Basis von Gesprächen mit Likörherstellern der Insel. Die Dokumentation dieses Buches kann auf der Webseite der Bodega unter www.vegadeyuco.es nachgeschlagen werden.

Die Bodega ist mit der Norm ISO 14001 ausgezeichnet, welche die ökologischen Prozesse und den Respekt vor dem Umweltschutz, sowie eine effiziente Verwaltung der Abfälle und den Gebrauch alternativer Energien bestätigt.

Das Geschäft und Verköstigungen sind montags bis freitags von 10 bis 15 Uhr verfügbar. Für eine geführte Besichtigung ist eine vorherige telefonische Reservierung unter der Telefonnummer (34) 928 524 316 notwendig.

Weine

Die Bodega verfügt über eine große Auswahl an Weinen und Likören, unter denen insbesondere Malvasía Blanco Seco, Yaiza Malvasía Seco, Yaiza Barrica, Vega de Yuco +dache, und bei den Likören der Maulbeerlikör, herausragen.

WEB: www.vegadeyuco.es
ADRESSE: Masdache. Tías. Camino del Cabezo, s/n, PLZ: 35572.

TELEFON: (34) 928 524 316
PRODUKTE UND DIENSTLEISTUNGEN: Weine, Liköre, Spezialgeschäft, geführte Besuche und Garten mit einheimischen Pflanzen.

Vega de Yuco verfügt über einen Laden, der für die Verköstigung ihrer Weine und Liköre eingerichtet ist, die unter Verwendung traditioneller Rezepte hergestellt werden. Außerdem gibt es eine Terrasse mit einem schönen Blick über La Geria und einen botanische Garten mit einer Auswahl an einheimischen Pflanzen.

11. Was kann man in La Geria unternehmen?

Eine Landschaft ist eine komplexe und sich stets verändernde Realität, und La Geria steht dem in nichts nach. In ihr verbinden sich landwirtschaftliche, industrielle, kommerzielle und touristische Interessen. Zusätzlich gibt es eine Vielzahl an Beteiligten, die Weinbauer, die Bodegas, die Institutionen und andere private Firmen die versuchen, die Umgebung zu beleben. Die Form des Anbaus schafft eine einmalige Landschaft, bedingt aber gleichzeitig eine karge Ernte. Aus diesem Grund wurden andere Wege zur Belebung und Bewerbung der Landschaft gesucht, den diejenigen, die sich auskennen, wissen von der Schwierigkeit der Handarbeit und von der begrenzten Produktion. Es wird versucht darauf hinzuarbeiten, dass La Geria eine alternative Vision besitzt, sowie ein wirtschaftliches Modell, welches die Produktion von Wein mit der Interpretation der Landschaft vereint. Die Formel, die verfolgt wird, lautet „Interpretieren um kennenzulernen, und kennenlernen um zu Probieren."

Die Landschaft von La Geria ist eine Landschaft zum „Erleben", um an ihren Aktivitäten teilzunehmen oder einfach nur ihre Weine zu genießen. Dieser Führer versucht all die Besuchsoptionen (abgesehen von den bereits genannten Bodegas) und eine Vielzahl an Aktivitäten zusammenzufassen, die in La Geria und Umgebung durchgeführt werden. Diese Aktivitäten können im Zusammenhang mit der Landschaft, mit dem Wein oder mit der Gastronomie der Insel stehen. Die Veranstaltungen, die genannt werden, sind diejenigen, die sich mit der Zeit etabliert haben. Es empfiehlt sich jedoch die Programme der aktiven Organisationen in La Geria zu konsultieren, die man auf den folgenden Webseiten finden kann:

Consejo Regulador de Denominación de Origen "Vinos de Lanzarote" (Weinrat)

www.dolanzarote.com

Cabildo de Lanzarote (Inselregierung)

www.cabildodelanzarote.com

Saborea Lanzarote

www.saborealanzarote.org

Veranstaltungen, Sport und Freizeit

www.lanzarotewinerun.com
www.senderismolanzarote.com
www.sonidosliquidos.com
www.turismolanzarote.com
www.lanzarotedeportes.com
www.lanzarotenbici.com

Kultur und Tradition

www.artesaníadelanzarote.com
www.centrosturisticos.com
www.memoriadelanzarote.com
www.centrosturisticos.com
www.agrolanzarote.com
agustinpallares.blogspot.com.es

Museen und Besuche

Außer dem Weinmuseum der Bodega El Grifo (S. 85) und dem Monumento al Campesino (S. 69) wird auch der geführte Besuch einer Bodega sowie die Besichtigung von anderen Orten in Verbindung zum Weinanbau empfohlen.

Museum Tanit

Im Dorf San Bartolomé, nur wenige Kilometer von La Geria entfernt, gibt es einen Museumsraum, der in Verbindung mit der Landwirtschaft und dem Weinanbau auf Lanzarote steht. Das ethnografische Museum Tanit befindet sich in der ehemaligen Bodega eines traditionellen kanarischen Hauses aus dem 18. Jahrhundert, inmitten des historischen Zentrums von San Bartolomé, sehr nahe der Dorfkirche. Im privaten Besitz befindlich bietet dieses Zentrum in seinen Räumlichkeiten eine breite Sammlung an Gütern und Utensilien, die bis in die erste Hälfte des 20. Jahrhunderts benutzt wurden, sowie architektonische Elemente und kanarische Botanik. Die Landwirtschaft und der Weinanbau sind zwei Basisreferenzen des Museums. Unter den Ausstellungsstücken ragt insbesondere die antike Kelterei Tanit heraus, bestehend aus einer Holzpresse die zwischen 1780 und 1902 in Betrieb war und die sich in einem sehr guten Zustand befindet. Mehr Informationen gibt es auf der Webseite www.museotanit.com.

Museum El Patio

Im Dorf Tiagua, sehr nahe an La Geria und dem Casa-Monumento del Campesino, befindet sich ein altes Landwirtschaftsgut welches in ein ethnografisches Museum verwandelt wurde, das sich der Nachstellung und Verbreitung vieler alter Traditionen und Lebensweisen der Insel widmet. In diesem Zentrum ist die architektonische Qualität des Komplexes herausragend, in dem ursprüngliche Elemente wie das ehemalige Gutshaus, die Kelterei, die Bodega, die Bäckerei, die Mühle und die Kapelle bewahrt sind. Das Museum El Patio beherbergt eine große Anzahl an Utensilien, Arbeitsmaterial, Werkzeuge und Möbel die es dem Besucher erlauben, das Ambiente und die Details der stets anstrengenden und heiklen Welt der Landwirtschaft auf Lanzarote kennenzulernen. Das Zentrum verfügt außerdem über interessante Gärten und Anbaufelder, in der Bodega werden Verköstigungen angeboten. Es wurde mit dem Preis „Importantes del Turismo“ ausgezeichnet. Telefon: (34) 928 52 91 34.

Touristische Zentren

In den sechziger Jahren, als Pionierweg um einen Ausweg aus der komplizierten wirtschaftlichen Lage der Insel zu finden, begann die Inselregierung Lanzarotes ein innovatives Netz aus Kunst, Kultur und Tourismuszentren zu entwickeln (CACT) die auf künstlerische Art in natürlichen Landschaften von großem Wert eingriffen. Die CACT sind das beste Aushängeschild um Lanzarote kennenzulernen: die Einzigartigkeit ihrer Kultur und ihre außergewöhnliche vulkanische Natur. Außerdem bedeutet ein Besuch der CACT eine der ambitioniertesten und wertvollsten kulturellen Initiativen Spaniens der sechziger Jahren kennenzulernen, mit César Manrique als Kopf einer Gruppe von Persönlichkeiten von außerordentlicher Qualität. Das Casa-Monumento del Campesino ist das CACT mit der stärksten Verbindung zur Welt der Landwirtschaft und es befindet sich direkt am Eingang zu La Geria. Andere wunderbare Orte sind der Mirador del Río, Jameos del Agua, die Cueva de Los Verdes, der Jardín de Cactus, das MIAC und Timanfaya. Mehr Informationen unter www.centrosturisticos.com.

Timanfaya-Besucherzentrum

Durch eine so imposante Landschaft wie Timanfaya zu spazieren ist eine Erfahrung, die sich für immer in die Retina des Besuchers brennt. Die Feuerberge (Montañas del Fuego), eine große vulkanische Fläche die bei den Vulkanausbrüchen des 18. Jahrhunderts entstand, sind das beste Siegel Lanzarotes. Eine Fläche mit einem enormen optischen Eindruck, die von einem anderen Planeten zu stammen scheint, und uns gleichzeitig zum ursprünglichsten und authentischsten Zustand der Erde transportiert. Beim Besuch von Timanfaya, einem der am meisten besuchten Nationalparks in Europa, ist es Pflicht das Restaurant El Diablo zu besuchen, Werk César Manriques und seiner Mitarbeiter. Es ist überaus empfehlenswert auch das Besucher- und Interpretationszentrum in Mancha Blanca zu besuchen, ein Zentrum mit viel Information über kanarische Vulkanologie und die Vulkanausbrüche auf Lanzarote. Um mehr über César Manrique zu erfahren wird der Besuch der Stiftung die seinen Namen trägt empfohlen, eröffnet in einem ehemaligen Haus des Künstlers.

Aktivitäten

Wanderung durchs La Geria Tal

Von Ignacio Romero-Senderismo Lanzarote

Es gibt viele Wege und Trampelpfade die, nachdem die Vulkanausbrüche große Teile der Insel mit Asche bedeckten, über der vulkanischen Asche und über den „Vulkan“ (Begriff, der auf Lanzarote populär für den gesamten vulkanischen Guss verwandt wird) entstanden. Unsere Vorfahren öffneten diese Wege, die heute Teil der Landschaft sind, um von ihren Wohnhäusern zu den Anbaugebieten zu gelangen. Die einmalige Landschaft, die wir heute in La Geria sehen können, wurde Schritt für Schritt auf der Basis von Anstrengungen, Opfern und Überlebenswillen geformt. La Geria wird weiter leben solange ihre Weinberge und Obstbäume leben, und, gemeinsam mit ihnen, ihre Gärtner, die, ohne dass sie sich dessen bewusst sind, für den Erhalt des Ambientes und der Landschaft kämpfen.

TECHNISCHE DATEN DER WANDERUNG

Start: Zwischen der Bodega Rubicón und der Bodega La Geria. Auf der Strasse LZ-30.
Ziel: Bodega Stratvs. Auf der Strasse LZ-30.
Distanz: zwei Kilometer.
Dauer: ca. 30 Minuten.

Beschreibung des Weges

Wir schlagen eine Wanderung durch den zentralen Teil des Tales und dem La Geria Gebiet vor, mit Ausgangspunkt im ehemaligen „Cortijo de La Geria“ und der Kirche La Caridad bis zur Schlucht „Barranco del Obispo“.

Wir beginnen die Wanderung im Herzen von La Geria, ausgehend von der Bodega Rubicón, der Bodega La Geria und der Kirche La Caridad — letztere, klein und weiß, erstaunte Überlebende der Ausbrüche von Timanfaya —, um entlang der Straße LZ-30 in nördliche Richtung zu gehen. Nach ungefähr 50 Meter biegen wir links ab Richtung Westen.

Dieser Weg, bedeckt mit Vulkanasche („rofe", „lapilli" oder „picón"), zeigt links und rechts große „hoyos", die in der Vergangenheit mit großer menschlicher Anstrengung gegraben wurden, um die Weinreben und Obstbäume nahe der Muttererde zu pflanzen, die sich unter der dichten schwarzen Schicht befindet.

Kurz vor dem Montaña Diama gelangen wir an eine Weggabelung, an der wir rechts abbiegen. Neugierige können allerdings auch einige Meter geradeaus weitergehen, um eine großartige Aussicht über den Lavafluss und die Krater der Montañas del Fuego (Feuerberge) zu genießen. Nicht weit entfernt gab es einige Dörfer: Diama, Juan Gante, El Chupadero, Santa Catalina..., die während der Vulkanausbrüche des 18. Jahrhunderts begraben wurden.

Der Weg geht weiter entlang des Hangs des Montaña Diama, und wir lassen diesen alten Vulkankegel östlich von uns. Wir gehen weiter Richtung Norden und sehen den Baum, der sich am häufigsten in La Geria wiederholt: einen Feigenbaum. Seine Früchte waren so reichhaltig - und sehr gebräuchlich in der Diät der Einwohner Lanzarotes – das selbst heute noch die Feige „fruta (Frucht)" genannt wird. In der Nähe von einigen Häusern am Weg stoßen wir auf eine erneute Weggabelung, einer führt unseren bisherigen Weg in nördliche Richtung weiter, der andere biegt Richtung Osten ab. Wir nehmen den letzteren, rechts von uns, ohne jedoch die Überreste der „aljibes" zu übersehen, die vor den Ausbrüchen des 18. Jahrhunderts konstruiert wurden. Unsere Landarbeiter haben bei der Erschaffung dieser Felder, beim Abtragen der Vulkanasche, alte „aljibes" entdeckt, von denen einige zu ihrem ursprünglichem Zweck wiederverwendet wurden: der Aufbewahrung von Wasser.

Wir gehen weiter bis zur Straße LZ-30 und in nördlicher Richtung abbiegend stoßen wir schließlich auf die Bodega Stratvs, am Ende der Schlucht „Barranco del Obispo" gelegen. Hier endet unsere Wanderung.

Orte von Interesse

Kirche La Caridad
Im 17. Jahrhundert als Teil des Cortijos de La Geria erbaute Kirche. Am 15. August wird hier das Fest der Jungfrau der Wohltätigkeit (Virgen de la Caridad) gefeiert. Diese Festlichkeit ist mit der Ernte verbunden, Endpunkt eines langen Prozesses für die Landarbeiter: Beschnitt, Säuberung, Auslese, Weinblätter entfernen, einschwefeln... und Ernte. Von hier aus übernimmt der Bodegabetreiber die folgenden Arbeiten.

Cortijo de La Geria
Im Herzen von La Geria gelegen war dieses Landgut Besitzt von Don Diego Laguna, Vikar von Lanzarote, und der Familie Fajardo. Heute ist es die Bodega Rubicón.

Diama
Name des Berges, der sich im nordöstlichen Teil des Tals von La Geria befindet. Offensichtlich stammt der Name von einem Landgut, das von den Vulkanausbrüchen von Timanfaya (18. Jh.) begraben wurde.

Juan Gante
Name eines kleinen Dorfes, das von den Lavaflüssen der Vulkanausbrüche von Timanfaya (18. Jh.) begraben wurde. Nahe des Dorfes El Chupadero gelegen.

El Chupadero
Name des Berges, der sich im südwestlich Teil des Tals von La Geria befindet. Ehemaliger Name eines der Dörfer, die von den Lavaflüssen der Vulkanausbrüche

von Timanfaya (18. Jh.) begraben wurden. Nordwestlich des Montaña de El Chupadero gelegen.

Santa Catalina
Name eines wichtigen Dorfes, das von den Lavaflüssen der Vulkanausbrüche von Timanfaya (18. Jh.) begraben wurde.

La Geria
Name des Gebiets, in dem Weinreben auf vulkanischer Asche angebaut werden. Heute wird es für das gesamte Naturschutzgebiet „Paisaje Protegido de La Geria" verwandt. Es ist auch der alte Name eines kleinen Dorfes, das von den Lavaflüssen der Vulkanausbrüche von Timanfaya (18Jh.) begraben wurde.

Anbau

Der Weinanbau dominiert in diesem Gebiet und die eigenartige Form des Anbaus ist ein Identitätssigel für diese Zone und die Insel Lanzarote. Der Anbau in „hoyos" — mit der obligatorischen Handarbeit und der an einen Gärtner erinnernden Sorgfalt — sorgt dafür, dass die hier in den Bodegas hergestellten Weine besonders hoch geschätzt werden. Die hier hauptsächlich angebauten Weinsorten sind Listán blanco, Malvasia und Diego.

Andere Obstbäume des Gebiets umfassen Feigenbäume, Maulbeerbäume, Guajavebäume, Birnenbäume, Zitronenbäume, Orangenbäume, Johannisbrotbäume, Avocadobäume, Mangobäume etc.

Flora

Auf unserer Wanderung können wir unter anderem folgende Spezies sehen:

Strauch-Dornlattich (Launaea arborescens), Sonnenwende (Heliotropium ramosissimun), Strauchtabak (Nicotiana glauca), „Vogelzunge" (Policarpaea nivea), Pelargonien (Pelargonium capitatum), Lanzarote Hornklee (Lotus lancerottensis), Kanaren-Ampfer (Rumex lunaria), Binsen (Juncos acutus), Zweige der „papa cría" (Helianthemun canariense), Brenneselgewächse (Forsskaolea angustifolia)...

Fauna

Auf unserer Wanderung können wir folgende Wirbeltiere sehen:

Ostkanareneidechse (Gallotia atlántica), Kaninchen (Oryctolagus cuniculus), Turmfalke (Falco tinnunculus), Graumantelwürger (Lanius excubitor), Kanarenpieper (Anthus berthelotii), Bluthänfling (Carduelos cannabina), Kolkrabe (Corvus corax), Taube (Columba livia), Weidensperling (Passer hispanolensis), Felsenhuhn (Alectoris barbara), Wiedehopf (Upupa epops)...

Naturschutzgebiete

Wir befinden uns im Naturschutzgebiet von La Geria (5.255,4 Hektar), welches zu den Gemeinden Tinajo, Tías, Yaiza, San Bartolomé und Teguise gehört. Wir sehen außerdem den Naturpark der Vulkane und den Nationalpark Timanfaya.

Weitere Wandermöglichkeiten

Vom Herzen La Gerias aus können weitere Wanderungen mit historischer oder archäologischer Thematik, zur Wasserkultur oder der Landwirtschaft unternommen werden.

- Fuente de Guardilama
- Uga über El Tablero
- El Chupadero
- Diama
- Gaida und Guardilama
- Tegoyo und La Asomada
- Peña Paloma und Los Cuervos
- Montaña Negra und Montaña Colorada
- Tinasoria
- Taro de Testeina

Vorschläge für Wanderungen in La Geria

Wenn Sie im Gebiet von La Geria wandern möchten empfehlen wir, das vorhandene Netz an Wanderwegen, Pfaden und Straßen zu benutzen. Aufgrund der Anfälligkeit der Landschaft und der Leichtigkeit, mit der „rofe" in die „hoyos" fällt, wird darum gebeten, in der Nähe dieser „hoyos" extreme Vorsicht walten zu lassen und stets die existierenden Trampelpfade zu nutzen. Jedes „hoyo" hat nur einen Ein- und Ausgang, es wird jedoch nicht empfohlen hinunterzusteigen. Es ist überaus wichtig, dass der Besucher die Umwelt respektiert und sie genießt, ohne irgendwelche Beschädigungen zu produzieren.

Aktivitäten

Restaurants und Bars

Bodega Rest. La Cascada, Pto. del Carmen

Sowohl im Inneren des Gebietes von La Geria, als auch in den angrenzenden Orten, können Besucher ein qualitatives und vielseitiges Angebot an Restaurants finden. Von innovativen Orten mit großem Prestige, wo man sich einen kleinen Luxus leisten kann, bis hin zu kleinen und versteckten Ecken, für einen kleinen Imbiss oder Tapas. Einige Bodegas, die geführte Besuche anbieten, haben auch exquisite Restaurants für den feinen Gaumen, andere wiederum bieten lediglich Verköstigungen an. Eine weiter sehr verbreitete Variante auf Lanzarote sind die soziokulturellen Zentren, die in der Regel typisch kanarische Gerichte anbieten. Zusätzlich gibt es Gastronomien in Landhotels sowie andere, die traditionelle Küche mit moderneren Noten verbinden. Egal welche Option sie wählen, dass passende Getränk um die Gerichte zu begleiten ist stets ein Wein aus Lanzarote. So kann der Erfolg der Erfahrung garantiert werden: Gastronomie, Landschaft und Weinkultur.

Landhotels

Eine stets empfehlenswerte Möglichkeit, um die Werte der Landschaft von La Geria aus der Nähe kennenzulernen, ist der Landtourismus. Es existieren verschiedene und unterschiedliche Angebote an Landhotels innerhalb und in der Nähe von La Geria. Einiger dieser Einrichtungen befinden sich in alten Gebäuden von großem architektonischem Wert die umgebaut wurden, um sich an die neue Nutzung durch einen Luxustourismus anzupassen. Trotzdem erhalten sie viele traditionelle und bedeutende Elemente des ländlichen Lebens und binden lokale Gastronomie und ökologische Komponenten ein. Diese Landhotels bieten zusätzliche weitere Dienstleistungen wie Spa-Installationen, Restaurants, Entspannungs- und Gesundheitsbehandlungen und vieles mehr. La Geria bietet eine große Ruhe und ein einmaliges Ambiente um Zeit an der frischen Luft zu verbringen, in pittoresken Restaurants zu speisen, Wandern zu gehen oder Sport zu treiben. Außerdem kann man Bodegas besuchen, sich Erholen, die Landschaft genießen oder einen der nahen Strände oder Orte Lanzarotes besuchen.

Sport

Mit einer Durchschnittstemperatur im Winter, die nur selten unter 18 Grad fällt, ist Lanzarote das ganze Jahr über ein idealer Ort für die Ausübung von Freiluftsport. Jedes Jahr kommen zahllose Vereine und Elitesportler nach Lanzarote um zu trainieren. La Geria ist ein perfekter Ort für Wanderungen oder zum Radfahren, sowohl auf dem Rennrad, als auch auf dem Mountainbike. Es gibt Routen und Straßen mit verschiedenen Schwierigkeitsgraden für die Liebhaber der Mountainbikes, Rennradfahrer oder Triathlon-Athleten mit Strecken, die Anbaugebiete und Vulkane passieren. Zusätzlich zum Wine Run existieren andere sportliche Wettbewerbe die La Geria durchqueren, wie der Stratvs Lavatrail oder der international bekannteste Wettbewerb Ironman.

Die Liebhaber des Drachenfliegens und des Ala Deltas können diese Sportarten vom Montaña de Tinasoria, in der Nähe von La Asomada ausüben, mit dem großen Reiz die Landschaft aus der Höhe zu genießen.

Sonnenuntergang in La Geria

Es gibt zwei Momente am Tag die ganz besonders geeignet sind um sich an der einmaligen Landschaft von La Geria zu erfreuen: Sonnenaufgang und Sonnenuntergang. Für diejenigen, die nicht gerne früh aufstehen, sind die letzten Stunden des Nachmittags ideal, um sich einen guten Ort zu suchen von dem man die chromatischen Nuancen des Sonnenuntergangs bewundern kann. Zu den am besten geeigneten Orten, um den Sonnenuntergang in La Geria zu genießen, gehören die Bodega La Geria, mit ihrem Aussichtspunkt nach Timanfaya, die Bodega Rubicón, für ihre schöne Aussicht von der Terrasse im Schatten eines großen Eukalyptusbaumes, sowie die Finca/Bodega El Chupadero (www.el-chupadero.com). El Chupadero bietet eine ausgesuchte Auswahl an Weinen der Insel und Tapas, außerdem ist es ein aktiver Organisator von Konzerten und kulturellen Veranstaltungen. Mitten im Herzen von La Geria gelegen ist El Chupadero auch für seinen populären Vollmond-Parties bekannt, die in regelmäßigen Abständen zur Zeit des Vollmonds vorbereitet werden.

Wine Run Lanzarote

Juni

Sport, Gastronomie und Natur, das ist die Essenz des Wine Run Lanzarote, einem außergewöhnlichen Wettbewerb auf Wegen und Straßen, die durch die spektakuläre Landschaft von La Geria führen. Er wird im Juni durchgeführt und die Teilnehmer können wählen, ob sie zehn Kilometer laufend oder 21 Kilometer rennend zurücklegen möchten. Dabei geht es über Pfade und Strassen entlang von Weinbergen und vulkanischen Gebieten, auf verschiedenen Ruhe-Stationen werden Wasser und Wein angeboten. Die Gewinner erhalten als Preis ihr Körpergewicht in Liter aus Wein aus Lanzarote. Gemeinsam mit dem Wine Run Lanzarote wird über zwei Tage das Traditional Cuisine Festival (Festival der traditionellen Küche) ausgerichtet mit vielen Ständen von Produzenten, Restaurants oder Bodegas, die die emblematischsten Gerichte Lanzarotes anbieten, begleitet von den exzellenten Weinen Lanzarotes.
www.lanzarotewinerun.com

Önogastronomisches Festival Saborea Lanzarote

Dezember

Anfang Dezember wird das „Festival Enogastronómico Saborea Lanzarote" durchgeführt. Die Veranstaltung findet in Teguise statt und besteht aus einer großen öffentlichen Präsentation mit Ständen von lokalen Landwirtschaftsprodukten, Restaurants, Bodegas und Vertretern aus anderen Sektoren der Gastronomie. Die Weine sind einer der Protagonisten und der Großteil der lanzarotenischen Bodegas ist mit einem Stand und einer Auswahl ihrer Produkte vertreten. Das Festival, das große gastronomische Treffen des Jahres, dauert zwei Tage und beinhaltet Aktivitäten wie Vorträge, showcooking, Workshops, Weinproben und Verköstigungen, Treffen von Branchenvertretern oder didaktischen Aktivitäten für Kinder. Saborea Lanzarote organisiert außerdem über das Jahr verschiedene thematische Wochen in Bezug auf relevante Elemente der lanzarotenischen Küche: Käse, Thunfisch, schwarzes kanarisches Schwein, Ziege etc.
www.saborealanzarote.org

Feierlichkeiten Los Dolores

September

Mitte September wird im Ort Mancha Blanca die populärste Wallfahrt Lanzarotes durchgeführt, diejenige, die der „Virgen de Los Dolores (Jungfrau der Schmerzen)" gewidmet ist. Die Legende sagt, dass das Bild dieser Jungfrau half, die Lavaströme der historischen Vulkanausbrüche des 18. Jahrhunderts zu stoppen, und ihr zu Ehren finden über mehrere Tage Folklorekonzerte und andere Aktivitäten statt. Während der Feierlichkeiten Los Dolores findet auch das Folklorefestival Nanino Díaz Cutilla und die Kunsthandwerksmesse der Insel statt, an der über hundert Kunsthandwerker und Organisationen aus ganz unterschiedlichen Bereichen teilnehmen: Nahrungsmittel, Korbflechterei, Wein, Holz, Fischerei, Stein, Kleidung und Design, Schmuck… Das Ziel der Messe ist es, das kanarische Kunsthandwerk zu bewerben und bekannt zu machen, eine Welt voller populärer Weisheit und Traditionen mit ethnografischen, historischen und nachhaltigen Werten.

www.artesaníadelanzarote.com

Sonidos Líquidos

Frühling

Sonidos Líquidos definiert sich als "eine musikalische und önogastronomische Erfahrung". Und in der Tat besteht die Essenz dieser Initiative darin, in einer Veranstaltung Livemusik mit einer Weinprobe zu verbinden und das Ganze mit gastronomischen Köstlichkeiten abzurunden. So kann eine Erfahrung für alle fünf Sinne entstehen, alle vereint dank dem Wein, dem guten Essen, der Musik, den Bodegas und einem guten Ambiente. Sonidos Líquidos entstand vor einigen Jahren auf Lanzarote und die Hauptbühne sind die Bodegas die sich in La Geria befinden, wodurch die musikalische und önogastronomische Erfahrung auch eine landschaftliche Nuance bekommt. In den letzten Ausgaben wurden auch Konzerte auf anderen Kanareninseln und in Madrid durchgeführt, mit dem doppelten Ziel die Gastronomie und den Wein Lanzarotes zu bewerben. Die Mischung aus Wein, Musik und guter Küche wird immer funktionieren.

www.sonidosliquidos.com

Veranstaltugen

Erntefest

15. August

Jährlich am 15. August, zeitgleich mit der Erntezeit der Trauben und der Feierlichkeit der „Virgen de La Caridad“ wird das sogenannte Erntefest gefeiert. Das Ereignis wird in den Einrichtungen der Bodegas La Geria, Stratvs und Rubicón ausgerichtet, gemeinsam mit der Kirche La Caridad, in der Mitte von La Geria gelegen. Die Besucher dieses Festes können die traditionellen Methoden und Formen, mit denen die Ernte ursprünglich durchgeführt wurde, kennenlernen. Insbesondere die Dromedare waren dabei essentielle Werkzeuge. Während der Feier, die von verschiedenen öffentlichen Institutionen der Insel organisiert wird, werden Verköstigungen, thematische Menüs und Auftritte von Tanz- und Folkloregruppen angeboten. All das in einem feierlichen Ambiente, bei dem die Besucher auf Dromedaren reiten oder sich an der Traubenernte und an der traditionellen Traubenpresse beteiligen können.

Woche der Vulkan-Weine

Juli

Jährlich findet im Monat Juli die sogenannte Woche der Vulkan-Weine statt. Dieses Treffen dient als jährliche Zusammenkunft um neue Produkte aus den Bodegas vorzustellen und alle Parteien des Weinsektors der Insel zusammen zu bringen. Während einer Woche werden Workshops, Seminare und Präsentationen organisiert, die sich an die professionellen Mitarbeiter des Sektors richten. Für das allgemeine Publikum gibt es Aktivitäten wie Initiationskurse oder festliche Veranstaltungen mit Musik und Vorführungen. Zusätzlich werden Weinproben durchgeführt, die von Verköstigungen von anderen Produkten der Insel begleitet werden: Käse, Fleisch, Fisch, Gemüse... Die Woche der Vulkan-Weine wird in jedem Jahr in einer anderen Gemeinde durchgeführt und vom Consejo Regulador de la Denominación de Origen „Vinos de Lanzarote” gemeinsam mit verschiedenen öffentlichen Administrationen, Firmen und privaten Organisationen organisiert.

Kultur und Weiterbildung

La Geria ist eine Landschaft voller sozialem und wirtschaftlichem Leben. Eine der Bestandteile, die diese Landschaft am Leben erhält, sind die kulturellen und didaktischen Aktivitäten. Fast im Wochenrhythmus finden Konzerte, Vorträge, Kurse, Werbeveranstaltungen, Präsentationen usw. statt. Eine der aktivsten Parteien in diesem Bereich ist der Consejo Regulador de la Denominación de Origen "Lanzarote", der viele Aktivitäten im Bereich der Weinwerbung und der Weiterbildung für Mitarbeiter und Interessierte des Weinsektors organisiert. Zusätzlich bieten die Bodegas, die geführte Besuche anbieten, kulturelle Veranstaltungen mit Bezug zum Wein an (Konzerte, Buchpräsentationen, Kunstausstellungen…) sowie Workshops oder gastronomische Aktivitäten. Zusätzlich findet man in La Geria Organisationen und soziale Kollektive, Restaurants und Landhotels, sowie soziokulturelle Zentren, die regelmäßig Feierlichkeiten oder Freizeitaktivitäten durchführen.

Volksfeste

Foto: Miguel Cabrera

Vom Frühling bis in die ersten Herbstwochen ist die außergewöhnliche und intensive Saison der Volksfeste in den Dörfern der Insel, inklusive denen, die sich in La Geria oder in ihrer Nähe befinden. Manchmal sind die Ursprünge dieser Festlichkeiten religiöser Natur, manchmal finden sie statt um Bräuche der Landwirtschaft oder der Fischerei zu ehren. Die Feste beinhalten in der Regel Prozessionen und Messen, kulturelle und soziale Veranstaltungen, sowie Konzerte und Aufführungen. In jedweder Manifestation sind diese Feste Garanten für pittoreske, authentische und populäre Momente. Eine Feierlichkeit, die speziell im Zusammenhang zum Wein steht, ist die „Fiesta de la Aguapata" in El Islote die Anfang Oktober begangen wird. Insbesondere die Eselrennen sind dabei ein lang erwartetes Ereignis. Aguapata ist ein Wein mit geringem Alkoholgehalt der einem sehr schnellen Fermentierungsprozess ausgesetzt war.

La Santa
Soo
Tinajo
Muñique
La Vegueta
Tiagua
10
14
Mancha Blanca
12
Parque Nacional
de Timanfaya
Mozaga
El Islote
7
8
6
5
9
11
Masdache
San Bartolomé
La Geria
Montaña Blanca
Yaiza
4
3
1
La Asomada
15
2
13
Tías
Playa Honda
Puerto del
Carmen
Playa Blanca

- Weinanbaugebiet
- Dem Publikum offene Bodega
- Bodega und Museum
- Museum
- Tourismus - und Kulturzentrum
- Andere
- LZ-30 (in La Geria)
- Pfade und mögliche Touren
- Empfohlene Wanderung

1 Bodegas La Geria
2 Bodegas Rubicón
3 Bodegas Stratvs
4 Bodegas Vega de Yuco
5 Bodegas El Grifo - Weinmuseum
6 Bodegas Los Bermejos
7 Monumento al Campesino
8 Museum Tanit
9 Landwirtschaftsmuseum El Patio
10 Timanfaya
11 Besucherzentrum
12 Rest. El Chupadero
13 Iglesia de Los Dolores
14 Ermita de La Caridad
15 Fundación César Manrique
16 Jardín de Cactus
17 Castillo San José
18 Cueva de Los Verdes
19 Jameos del Agua
20 Piratenmuseum

Danksagungen:

An Paloma Quesada, Francisco de León, Consejo Regulador de Denominación de Origen "Vinos de Lanzarote", Consejería de Agricultura y de Promoción Económica del Cabildo de Lanzarote, Bodegas Stratvs, Miguel Ángel Martín, Víctor Medina, Miguel Ángel Ferrer, Neftalí Acosta, José de León, Fundación César Manrique, Bodega Restaurante La Cascada, Zoe Dale, Anita Dale, Elza Carroza, Nick Wagner und insbesondere an alle Mitarbeiter dieser Ausgabe.

Mit Unterstützung des:

Consejo Regulador de Denominación de Origen "Vinos de Lanzarote"

Plan de Competitividad Turística: Islas Canarias, una experiencia volcánica, financiado por Turespaña, Gobierno de Canarias y Cabildo de Lanzarote

Unter Mithilfe von:

Central de Reservas de Lanzarote

Fundación Canaria Alhóndiga de Tacoronte

Ayuntamiento de San Bartolomé

Ayuntamiento de Yaiza

ediciones **remotas**